勇払原野のハスカップ市民史

ハスカップとわたし

特定非営利活動法人

苫東環境コモンズ

勇払原野のハスカップ市民史

ハスカップとわたし

目　次

出版にあたって

NPO 法人苫東環境コモンズ
代表理事　瀧　澤　紫　織

ハスカップという漿果樹（しょうかじゅ）は、どこかエキゾチックでさわやかな響きがあり、原野のオリジナルの実は事実、楚々としたやや洋風な風情で、食べてみると酸味だけでなく驚くほど多様な味を持っています。このハスカップが、苫小牧や千歳の勇払原野一帯から全道各地に広がって、北海道どころか世界の花卉（かき）園芸界ではポスト・ブルーベリーの位置にあるというお話を聞いたのが、ほんの数年前でした。

ハスカップはこれまでもしばしばブームを創っており、近年は「苫小牧特有の食文化」「勇払原野のソウルフード」などと、従来とは違うとらえ方もされるようになり、ついにはハスカップは「苫小牧のアイデンティティだ」と評する人たちも出てきました。

一方、NPO 苫東環境コモンズは平成22年１月にスタートする際に、自由にアクセスできる苫東のハスカップ群生地が、まさに絵にかいたようなコモンズ（地域が共有するかのような土地）だととらえ、土地所有者の了解を得たうえで、苫東内に大きな塊で豊富に散在する「雑木林」とともにハスカップ自生地をコモンズとして保全するための観察と地域利用を謳って進めてきました。

人気のハスカップはしかし、故事来歴、存亡の実態、またさかのぼって開拓時代の自生の様子や暮らしの中の位置づけなど、体系的総合的にとらえて記述したものはまだありません。ハスカップを栽培し、あるいはそれらを原料に苫小牧らしいお菓子に昇華させ地域ブランドにしてきた歴史の記述もまだ断片的であるように思います。もし土地のアイデンティティたるものならば、これではいけないと始めたのが、開拓時代からハスカップを知る方々やハスカップを愛する地域住民、会社・団体関係者などへの思い出と記憶の聞き取りでした。また、自生する大群落ではしばしば徒長したハスカップが枯れ始めているのを見るにつけ、これは全体植生の中でどうなっているかを調べておく必要があるとわたしたちは考えました。

このような背景から、過去5、6年ほどの間に続けてきた聞き取りと植生の調査の結果、さらにフォーラムや講演に焦点を当てて拾い上げ、「語り」を「活字」にして編集してみることにしました。北海道開発協会のコモンズフォーラムや苫小牧市美術博物館で行われた公開講座等ですが、たった1回だけのご発言で終わらせてしまうにはもったいない、ハスカップに関する情報満載の話ばかりだったからです。そうしてやっと形になってきたのが本書です。写真に頼らず、市民の思いを活字でとどめる。そこに最大の力点を置きました。その結果とも言えるのですが、各章とも表現の不統一や繰り返しも多々残っております。どうぞ事情をご斟酌いただければ幸いです。

ハスカップについてせっかく新しい息吹きが漂う今だからこそ、それにふさわしい言葉選びも試してみました。ハスカップを採り食する人たちや愛好者すべてを「ハスカップ市民」と呼んだり、「ハスカップは勇払原野のそばに住む人々のソウルフードだ」という言い回しにたどり着いたり、「ハスカップは食文化」「ハスカップこそ北海道遺産」などがそれです。

このたびの出版は、開拓時代のハスカップを知る方々をはじめ、たくさんの企業や団体のみなさんにお世話になりました。特に苫小牧郷土文化研究会の山本融定会長と苫小牧市美術博物館の小玉愛子主任学芸員（当時）には、苫小牧の自然史と歴史の位置づけに当たっての議論に加わっていただき、それが基本的なプロローグ鼎談という形になりました。

また、NPOの設立準備と並行して、コモンズ概念の研究と深化を目的に学識経験者を交えた環境コモンズ研究会（小磯修二座長・釧路公立大学学長・当時）が、北海道開発協会の公益事業として設置され、上記したコモンズフォーラムがハスカップの現地苫小牧で、研究会とわたしたちNPOとの共催で開催されてきました。特に4回目と5回目はテーマとしてハスカップをコモンプール資源としてとらえ、ハスカップに新しい視点が与えられることになりました。

なお、本出版では、平成25年度の聞き取りおよび現地調査の一部で(一財) 前田一歩園財団さんの自然環境保全活動に対する助成をいただきました。同じく平成25年はコカ・コーラさんの「い・ろ・は・す」“地元の水”応援プロジェクトのご支援で、ハスカップ保全と復元の検討作業を行い、ハスカップフォーラムを開催しました。これらの助成がなければ、この出版にたどり着くことは難しかったと思います。

この本を上梓するにあたって、これまで様々なステージでご協力を賜ったすべての方々に心よりお礼申し上げる次第です。

最後にもうひとつお伝えしておきたいことがあります。それは、この出版の経費が、これまで雑木林の保育間伐で出てきた丸太を薪（「雑木薪（ぞうきまき）」と呼びます）に裁断して、会員が自賄いした残りを友人知人らに引き取ってもらったお礼代の貯金がもとになっていることです。つまり、会員の冬場の間伐作業のおかげなのです。しかも間伐作業の資機材はコープさっぽろさんの「未来の森づくり基金」(平成25～27年) の助成に助けられました。発刊にあたって、この「雑木薪」生産に携わってきてくれた会員すべてにねぎらいの言葉を贈りますとともに、資金源の「雑木薪」生産を支えてくれたコープさっぽろさんにあらためてお礼を申し上げたいと思います。

ハスカップ讃歌

環境コモンズ研究会座長
（(一財) 北海道開発協会）
元釧路公立大学学長　小　磯　修　二

私は関西の出身であるが、北海道を永久の住み家と決めて移住した。これまでその決断を悔いることはなく、それどころか、よく決断したと時々自分を褒めることすらある。特に最近それを感じる時間が二つある。一つは好きな渓流でフライフィッシングのロッドを振っている時である。もう一つは、本州の人々がすでに猛暑で苦しんでいる初夏に、涼しい風に吹かれながら、勇払原野でハスカップ摘みをしている時だ。

ハスカップ摘みはここ４年ほど毎年欠かさず続けているが、きっかけは、私が座長を務めている環境コモンズ研究会のフォーラムである。本書でも紹介されているが、研究会ではハスカップをテーマに２回フォーラムを開催し、専門家を招いて幅広い意見交換を行ったが、そのフォーラムで私はすっかりハスカップの魅力に惹かれてしまったのである。

平成26年に開催された、「ハスカップ新時代に向けて」というテーマでのフォーラムでは、北大農学研究院の鈴木卓准教授から生物多様性の面で苫東に自生するハスカップが遺伝資源として極めて重要であることを教わった。単一の遺伝種は病気によって絶滅するが、野生種を保存していくことでそれが救われる。苫東に自生するハスカップ（クロミノウグイスカグラ）はここにしかなく、人類の貴重な財産だという鈴木先生からの強いメッセージには衝撃を受けた。

そして翌27年に開催された２回目のハスカップフォーラムでは、当時苫小牧市美術博物館の主任学芸員であった小玉愛子さんから、ハスカップが地域に愛され親しまれてきた大切な地域資源であることを教えられた。昔ハスカップは、勇払原野では「当たり前」の存在であったが、その生育環境は大きく変化してきている。地域資源であるハスカップを未来につなげていくためには、苫小牧（勇払原野）の歴史・自然史をハスカップというフィルターを通してもう一度振り返る地道な取り組みが必要であるというメッセージであり、それを自ら実践しておられる姿勢に感動すら覚えた。

極めつけは、2回目のフォーラムの後の懇親会であった。そこでたまたまNPO法人苫東環境コモンズの瀧澤紫織代表理事と懇談する機会があった。その折に医師である瀧澤さんからハスカップの幅広い効能をお聞きしたのである。ハスカップにはポリフェノールが多く含まれており、またカルシウムも多いなど幅広いアンチエイジングの効能があるという。さらに認知症予防にもつながるという説があるなど、大変興味深い解説をいただいたのである。当時記憶力の急速な低下に悩んでいた私にとっては、ハスカップこそ加齢による機能の衰えを阻止し、これからの私の健康を支えてくれる秘薬ではないかと信じることになったのである。それ以来、初夏になると1年分のハスカップを摘み取り、毎朝欠かさず食べている。出張に出ると体調が今一つすぐれないことがあるのは、朝ハスカップを食べられなかったせいだと思い込むほど、すっかりハスカップ信者となってしまったのである。

さて、ここで私がハスカップと巡り合う場となった環境コモンズ研究会のいきさつについて紹介しておきたい。環境コモンズ研究会設立の意義は、NPO法人苫東環境コモンズの設立（平成22年1月）に向けた布石といえるものであった。苫東は1万ヘクタールを超えるアジアで最大規模の工業団地であるが、世界的にはグリーン・インダストリアルパークとして知られるほど、広大な緑地、森林が広がっている。そこで、地元周辺の住民や町内会有志などにより緑地の自主的な管理が行われるようになり、さらにフットパスやハスカップ摘みなど、次第に予想しなかったコモンズとしての利活用が出現してきたのである。これらの活動を持続的に発展させていくために主体的な法人組織をつくろうということで設立されたのが、NPO法人苫東環境コモンズであった。

しかしNPO法人の設立に当たって、冠に課した環境コモンズの意義について一部の人から疑義が提起されたことなどから、活動の理念についてしっかり時間をかけて調査検討していくこととなり、そのために平成20年に設立されたのが「環境コモンズ研究会」であった。そこでNPO活動の理念や方向について関係者、学識者を集めて検討を進めながら、さらにコモンズの意義についても議論、検証を深めていった。その間、苫小牧でフォーラムを開催し、また国内外の幅広い取り組みや活動の事例調査も進めていった。結果的には、この丁寧な研究会活動がその後の安定的なNPOの営みに結びついているように感じている。また、私はこの研究活動に参加したことで、地域政策を進めていく上での重要なコンセプトとしてのコモンズに関心を持つ契機となったのである。この経過や研究成果については、平成26年1月に北大出版会から『コモンズ　地域の再生と創造』として刊行しているので関心のある方はお読みいただきたい。

もともと私と苫東の縁は深いものがある。実は、私は社会人としてのスタートは役人で、北海道開発庁（現在の国土交通省）に入ったのであるが、最初の仕事が苫東計画で、環境アセスメントを担当していたのである。1970年代当初の時期で、環境アセスメントの実践事例がほとんどなく、手探りで米国の制度や事例などを調べながら必死で勉強した。当時は公害が社会問題となり、高度成長に伴う負の面としての環境問題が強く提起されてきた時代であった。敷地面積の3割を緑地として残すという世界にも例がない工業団地プランが策定されたのもそのような時代背景があったからである。さらに、苫東緑地については旧所有者の強い思いもあった。苫東の用地は北海道庁が先行買収を行ったのだが、当時北海道企業局の用地買収の担当者から、苫小牧市森林組合長であった蔦森春明氏が「森として残す」ことを条件に森林の買収に応じてくれたという話を聞かされたことがある。今から振り返れば用地担当者として、蔦森氏の言葉を直接計画担当者に伝えておきたかったのだろう。蔦森氏の土地は、今では「つた森山林」と呼ばれて緑地の中核となる空間として残されている。平成29年には、そこで天皇皇后両陛下ご臨席の下全国植樹祭が開催された。私も招待を受けて末席にいたが、蔦森氏の願いがしっかり継承されていることを思いながら感慨深いものがあった。

苫東計画にかかわってから半世紀の月日が経ち、今では、その地で毎年ハスカップ摘みを楽しませてもらっているのも不思議なめぐり合わせだ。私にとって毎朝のハスカップは、先人の思いと決意をしっかり引き継いでいくことの大切さを教えてくれる鑑でもあるようだ。本書の発刊が契機となり、多くのハスカップファンが生まれ、北の地域資源としてハスカップが大きく羽ばたいていくことを願っている。

『ハスカップとわたし』の刊行に寄せて

株式会社苫東
代表取締役社長　伊　藤　邦　宏

ハスカップは苫小牧の風土を象徴するソウルフードですが、「自然と共生する産業基地」を謳う苫小牧東部地域開発（苫東開発）の大切なシンボルでもあります。㈱苫東の役割は、企業誘致によって産業空間を創造するとともに産業と共生する豊かな自然空間を護ることにありますが、ハスカップは自然空間の保全活動の象徴的な存在となっています。

苫東開発の歴史はハスカップの保全と活用の歴史でもあります。苫東開発は、広大な用地と優れた交通アクセス等を活かし、我が国および北海道の経済発展を支える生産機能と生活機能、自然環境を備えた産業基地を目指す国家的プロジェクトとして昭和40年代後半にスタートしました。その開発・管理を担う会社として、昭和47年、㈱苫東の前身である苫小牧東部開発㈱（旧苫東会社）が設立されましたが、ハスカップの保全とハスカップを加工し地域ブランドを創造しようと、勇払原野から「つた森山林」周辺にハスカップを移植し保存活動を始めるとともに、関係子会社を通じて、地元のお菓子屋さんに生果を出荷したり、ジャムやワインの加工・販売も手掛けておりました。

一方、いすゞ自動車など大規模土地造成の開始に伴い、環境アセスメントに係る保全措置として希少植物であるハスカップの保護も本格化しました。苫東地域内への移植のほか、特定地域への集中による病虫害リスク分散の観点からも、地元の住民の方々や学校・企業、更には全道の農協等へお譲りいたしました。この結果、苫東地域から８万本前後のハスカップが各地に「お嫁入り」したものとみられますが、嫁ぎ先で品種改良を重ねその土地の特産品に成長したものもあるようです。

これらの活動を通じ、苫東地域内の圃場にも１万本を超える成木が移植されましたが、最初の移植から40数年を経た今日も大切に護っております。自然種の保護の観点から剪定などのお世話は最小限にとどめる一方、一般の方々の圃場立ち入りはご遠慮いただいておりますが、かかる保護とともに近所の障害者施設の皆さんの収穫体験や地元小学校への成木の寄贈などの活動を続けています。また、万が一、道内産地のハスカップが大きな災害に見舞われた際のバックアップとしてもご活用いただきたいと考えています。

一方、今も苫東地域の広大な森には数えきれないハスカップが自生していますが、収穫期の7月、沢山の方々が道端に車を止め森の中でハスカップ摘みを楽しむ様子は、苫東地域の夏の風物詩となっています。このほか苫東地域では、NPO法人「苫東環境コモンズ」や市民組織「苫東・和みの森協議会」の皆さんにより森林やフットパスの整備、子供たちの森林体験学習が展開されるなど、苫東の森はコモンズ（入会地）として、地域の皆さんの共遊の森として親しまれております。

これらのハスカップ保存活動や森林整備の先頭に立たれてきたのが、かつて旧苫東会社にも勤務された苫東環境コモンズ事務局長の草苅健さんです。ハスカップを地域の風土や文化に昇華し、現在も苫東地域におけるハスカップの保全や森づくり活動を展開されていますが、この度、この苫東環境コモンズが『ハスカップとわたし』を刊行されました。本書は、住民の思い出語りをはじめ、地域の歴史風土や食文化、栽培技術や遺伝子研究、コモンズや自然保護など多角的な投射を通じ、ハスカップの多彩な姿を映し出した「ハスカップの博物誌」といえます。

この度の刊行に際し、心からの感謝と敬意を表しますとともに、苫東地域の先住者であるハスカップの保全と保護に向け、気持ちを新たにしております。また、読者の方々におかれては、ハスカップの様々な姿を垣間見ることによってハスカップへの思いを一層深めていただければ幸いです。

以　上

序章

プロローグ鼎談（ていだん）

● 座談会「ソウルフード・ハスカップの新時代」
～なぜ今、ハスカップなのか　多面性と謎に迫る～

ハスカップが大きな群落として自生する湿原（NPOがハスカップ・サンクチュアリと呼ぶ）の真ん中から北北西を臨むと、樽前山神社が祀る「山（樽前山）」と「森」と、足下の「湿原」だけが目に入る。これが勇払原野の基本的な構成だったのではないか。この微妙なわずかの角度から、後志の羊蹄山が顔をのぞかせる。そして文明の象徴でもある送電線の鉄塔とごみ処分施設の煙突のようなものもがっちりと構図に収まる。

座談会

「ソウルフード・ハスカップの新時代」

～なぜ今、ハスカップなのか　多面性と謎に迫る～

《鼎談者》
山本融定氏　苫小牧郷土文化研究会　会長
小玉愛子氏　苫小牧市美術博物館　主任学芸員
（平成29年座談会当時）
草苅健　氏　NPO 法人苫東環境コモンズ　事務局長

● ハスカップ新時代の予感

草苅　今日はよろしくお願いします。早速ですが、平成22年、NPOの苫東環境コモンズを立ち上げた際に、調査研究の一環でハスカップをフォローすることにしました。かたわら、職場の財団でも公益事業の一環でコモンズ研究を並行して進めることにしました。そうしているうちに、ハスカップをコモンズの観点からコモンプール資源（common pool resources）ととらえ直すべきではないかと考えるようになりました。その方がはるかにハスカップの社会的位置づけもわかりやすいからです。苫小牧市サンガーデンで平成21年から行ってきた環境コモンズフォーラムの４回目（平成26年）と５回目（平成27年）はハスカップのコモンズをテーマにしてきました。

一方ではコモンプール資源・ハスカップが枯れ始めていることに着目して、一大群落の消長（消滅と発生）についてGPSを用いて実態を探ったり、ドローンで上空から群落を撮影したりして、少しずつ勇払原野のハスカップの新しい側面にフォーカスをあててきました。客観的に「ハスカップの今」を可視化してみたのです。開拓時代からハスカップと身近に生きてきた地域の方々へ「昔のハスカップ」に関する聞き取り調査も前田一歩園の助成をいただいてスタートさせました。

平成27年にはNHKがそんな動きをオンエアしてくれたりしました。さらには平成28年早々、苫小牧市美術博物館が「ハスカップ企画展」をまとまった期間開催されたおかげで、かなり大きな何度目かのハスカップブームが起きた観があります。

その背景は追って語っていただくとして、今、なにかハスカップの世代交代がおこっているのかな、という気がいたします。つまり、開拓時代にハスカップに触れてきた方々から、山本さんの世代、そしてわたしの世代を経て、小玉さんのような比較的若い世代が関心をもち、おしゃれで健康的な食からの脚光を追い風にして再び本格的に女性が関わりだす兆しがある…。いうなれば、「ハスカップ新時代」が本当にやってきた、とわたしは秘かにみているのです。

まず、わたしよりだいぶ先輩ですが、郷土・苫小牧を長い間ウォッチされてきた山本さんにその辺のところを郷土史のような観点からお聞きしたいのですが…。

山本　私は苫小牧とは関係のないところで生まれ育ちましたので、ハスカップがどんなものか知りませんでした。40年ほど前に転勤して苫小牧に来ましたが、そこで三星のジャムやお菓子を通して、はじめてハスカップを知りました。その後、子供を連れてハスカップを採りに勇払原野に行きましたが、小粒で軟らかくて摘みづらいものだということを知りました。

広大な勇払原野に開拓のクワを下ろしたのは明治31年に柏原に入植した松田利三郎でした。この人が勇払原野の開拓の祖ということになります。ここで松田利三郎は木炭を製造する炭焼きを呼び入れ開墾、牛や馬を飼い牧場を営みました。戦後入植者も柏原や弁天に入ってきましたが、私が聞き取りをしたのは戦後開拓者の人達からで、戦前に入植された人のことはわかりません。

これらの開拓農家の人達は、戦後は極度の食糧難の時代であり、海外や東京、広島などから多数の入植者がどっと苫小牧にも集まりました。勇払原野では小学校が柏原と静川に開校し、金山線の北松田駅ができ市営バスが通りました。昭和24年に柏原に電気がつき、昭和30年代に静川や弁天にも電気が入りました。柏原や弁天の農家は、一戸22ヘクタールのうち農地は四割で、あとの六割は牧草地などでしたので混合酪農業として安定していきました。

勇払原野は火山灰地でしたが、開拓者たちは果敢に挑み、立派な農村郷建設にいそしんでいました。そんな時に苫小牧東部工業基地開発のため立ち退きの話しが出て来たのです。農業の基盤を確立しつつあったときであり、困惑したと思います。二百戸もの農家が消え失せたのです。単に農家がなくなっただけでなく、そこが工業団地になるということは、自然が消滅することです。貴重なハスカップも消え去る運命に立たされたのですね。

草苅　わたしは旧会社の広報誌づくりをしていた際に、柏原の元戦後開拓者のお宅を伺いアルバムを見せてもらったことがあります。そうすると服装や家族写真や車などに代表される生活ぶりが、次第に上向いてさあこれからだという上り調子のまさにその頃に買収が始まったことが、アルバムから感じ取ることができました。その光景がわたしにはハスカップとダブります。それと相似形の出来事が戦後の西工業地帯とそれに伴う住宅地開発でも同じように起き、やはり同じように湿地や原野の自然とハスカップが消えてきたことになりますね。

小玉さんとはハスカップに関してNPOと博物館の連携プロジェクトの企画ができないか議論した時に、その辺についてずいぶん意見交換したような気がします。小玉さんはどんな印象ですか。

小玉　スタート時は、「自分にとっては、全てが手探り、全てが新鮮なもの・知らないことばかり」という状態でした。

何度かお話させていただいていましたが、私自身、石狩低地帯南部（いわゆる勇払原野）の本物のハスカップというものを何も知らずに過ごしてきた人間です。両親は草苅さんとほぼ同じ年齢なのですが、２人とも、山本先生と同じでハスカップを知らない町村で生まれ育ち、就職のために苫小牧に来た人間で「ハスカップ採り」を知らずに育った人間でした。また自分が生まれた昭和50年代以降、住んでいた地域でも「野生のハスカップ」はなく、小学校の頃に「ハスカップは市の木の花」と叩き込まれ、違和感しかなかった、知っているのは「よいとまけ」と民家の植樹だけ、という状態でした。

しかし、プロジェクトが始まって、聞き取りに伺うようになってから、ハスカップは単なる“小果樹”というものではなく、郷土の歴史そのものではないか、と感じたのです。

様々な方からお話を聞くほどに、「苫小牧の地形・植生の一つの特性である、火山灰基盤の低湿地の植生の特色」「湿原や林野の利用≒人とのつながり」「戦前・戦後の入植と減反政策」「産業利用」というキーワードが芋づる式に繋がって行く、という様子が浮かび上がってきて、驚きました。まさに、これが『苫小牧の“人の歴史”の年表そのもの』だと感じました。また、住んでいる場所によっては、私と同世代または年下の方でも「親に連れられてハスカップを採りに行った」「学校帰りにハスカップを採っていた」という話を教えてもらうこともできました。

「これは、とんでもなく大きな世界に足を踏み入れてしまったな」と、武者震いをしたのを覚えています。

草苅　たかがハスカップ、されどハスカップという思いがわたしにはありますね。平成26年に北大出版会から出した『コモンズ　地域の再生と創造』の原稿を書いていた際に構想を練りながらたどり着いたのは、ハスカップはもともと勇払原野のコモンズの象徴であると同時に、勇払原野を切り開いて出来上がった苫小牧のアイデンティティの真ん中、あるいはその周辺にある、ということでした。人の入れ替わりが比較的早い産業のマチ・苫小牧だからこそ、ハスカップを核にしてマチを発想すると新しい世界（ハスカップ・イニシアチブ）がみえてこないか、と思ったほどです。

● ハスカップの実像が現れる

草苅　こうしてお話を伺うと、今、鼎談している３人ともハスカップを生まれながらに知っていた人間ではないということですね。小玉さんは唯一、苫小牧生まれですが、両親にハスカップ採りの慣習がなかったから本格的な関わりは成人してからということでしたから、この話は土着の方々の談義ではなく、よそ者的な新参者的な見方になるということですね。

さて、やはりハスカップ新時代と思わせるにはいくつか伏線がありました。ハスカップの食品としての機能性がクローズアップされ、生産から商品流通が画期的に活発化してきたわけですが、エポック・メイキングな象徴的事件、出来事は「三星」さんの元社長室長だった白石幸男さんが、ハスカップが「アイヌの長老も不老長寿の秘薬として重宝していた」というイメージは、実は白石さんの創作だったと告白、あるいは白状、はやりの言葉でいえばカミングアウトしたことでした（笑)。いかにもありそうな話に、人々はすっかり乗せられたわけですが、山本さんも小玉さんも初めて告白されたシーンに直接触れられた方ですが、山本さんはどんなふうにお聞きになりました？

山本　あの講演会（132p）は、苫小牧郷土文化研究会が苫小牧市美術博物館との共催で市民公開講座として平成28年２月14日に開催したものです。あの日は全道的に天候不順で苫小牧も吹雪いていました。その中を80名にも及ぶ市民の方々が来られました。あの天候では10名か20名位と思っていましたが、会場が一杯になりました。そして終わった後も市民の方から「講演会を開いてもらい感謝しています」という手紙をいただきました。三星さんはこんなにも市民に親しまれ根付いているのだと感心しました。

私が勤めていました高校に郷土研究部があり、昭和61年から数年間「苫小牧地方の食物について」というテーマで部員たちが手分けして苫小牧市農協や三星、千歳市農協やお菓子屋の「もりもと」など関連の方々に聞き取りをして歩きました。その一つが「パン作り一筋、明治からの老舗・三星」ということで聞き取りをさせていただきました。その時ハスカップ栽培農家さん、そして今回講演をいただいた三星の当時社長室長だった白石幸男さんなどにお話しをお聞きしました。もう30年も前の話になります。

あの中で話された東京の三越本店の１階の一番良いコーナーに「よいとまけ」の宣伝のため、白老町のアイヌ民族の宮本エカシが「ハスカップは「不老長寿の薬」」という幟（のぼり）のそばに立ち続けたという話しを初めて聞きました。ハスカップが不老長寿の薬などという話は白老のアイヌの古老の方々からも聞いたことはなく、認知度の低いハスカップの宣伝のために宮本エカシが一役買って出られたのでしょう。頼まれたら断り切れなかったのでしょうね。ハスカップの宣伝には、大変インパクトがあったことでしょう。

小玉　あのエピソードは、講演開始の30分前の打ち合わせで、山本先生と、白石さんと３名でお話をしていた時に飛び出した話題でした。ハスカップ不老不死説の真偽…という問題よりも、「ハスカップ」というものの知名度を上げるために奔走をした人の姿や、「なぜ、このような逸話が生まれたのか」記録しておきたい、という気持ちでした。

ハスカップを最初に菓子として販売をしたのは、昭和８年、沼ノ端駅前の近藤武雄さんでしたが、三星の白石さんの広報戦略による一連の「商品化」「広報の展開とニーズの拡大」が、「原野の植物」を「商品果実」に転換させていく一つの契機だったと自分は捉えています。

昭和20年代から始まった苫小牧西港の港湾の掘削、そして開拓団の解散と工場用地の造成、といった局面の中、じわじわと「ハスカップとゆるく共生する人の生活」が消えて行く中、弁天開拓者の黒畑氏・長峯氏のように、ハスカップを移植して栽培にいち早く着手する人がいなければ、また、ハスカップの株を保護のため配付・移植しようという人がいなければ、さらに減反政策が佳境に入ったときに、「ハスカップ」という商品の知名度がここまで拡大していなければ、「ハスカップ」という果実はこれほど有名になっていなかったかもしれません。

千歳が「ハスカップ」の爆発的な普及に貢献したと感じていますが、当時千歳市農協の参事だった木滑康雄さんのお話を聞いても、その火付け役となったのは、ハスカップ栽培・利用にいち早く着手していた苫小牧の存在だったということが垣間見えましたから。

なお、成分についてはその後、苫小牧駒澤短大の先生がビタミンの分析を行い、レモンと同程度のビタミンを含むことや、鉄分を多く含むことなどが判明し、食物成分表に掲載されたというお話を、同研究室に在籍されていらっしゃった藤島先生からお伺いしました。その後も、北海道、千歳、各種大学機関や企業などでポリフェノールの研究などが進められており、厚真町でも現在、薬効成分を調べている訳で、まさに瓢箪(ひょうたん)から駒だったわけですよね。

余談ですが、聞き取りを続けていると、何年もハスカップにかかわり、日常的に食べてきた方は、年齢に関係なく、非常に若々しく、お元気な方が多いことに気づきました。自分もあやかりたいです（笑）。

草苅　ハスカップの不老長寿説は、当時はまだ実証されてはいない単なるキャッチコピーだったにせよ、その直感は正しかったようで、ハスカップの食品分析結果は、ハスカップが優れた健康食品であることを徐々に証明してきています。花卉園芸の世界では、ハスカップはポストブルーベリーというのが世界のトレンドだと言われているほどです。

実はハスカップが注目され始めた、今から40年ほど前の昭和50年代の中ごろ、北大農学部の花卉造園学科の教授から、遺伝子研究のために自生地のハスカップを分けてほしいという依頼が旧苫東会社に来ました。担当だったわたしは、当時でも最も群落らしい群落だったエリアに案内し持っていってもらいました。それが現在、NPOがハスカップ・サンクチュアリと呼んでいるところです。つまりいち早く栽培種として注目されていたということですね。

ところで、わたしは勇払原野のハスカップ大群落を一人で足を使って歩き自生する地面をずーっと見てきました。苫小牧の企業や学校、そして北海道全域の農協などに勇払原野のハスカップを里子に出す（分譲）にも終始携わってきました。さらに道内のハスカップ自生地とされるところを回りながら、北大の星野洋一郎先生の研究を拝見したりしてほぼ確信してきたことがあります。それは、後でも話題にしますが、ハスカップは「シベリアから鳥が運んできた」というのも作り話だろうということです（笑）。もし鳥が運んだのならまず直近のサロベツ原野に自生していなければならないのに、サロベツでは見つからないのです。このことと、星野先生の極東アジアにおけるハスカップ自生地図をみてピンときたのですが、勇払原野のハスカップのルーツはアムール川流域で、流氷にのって道東に着き、釧路湿原から千島海流で勇払原野にたどり着いたのではないか。まったくわたしの妄想でしかありませんが、そう考えると少し謎が解け始める。個人的にはやっとハスカップの実像が見え始めたような気がしたものです。

山本　ハスカップのルーツについて、私は門外漢ですのでわかりません。ただ苫小牧南高校の郷土文化研究部がまとめたレポートに「道内におけるハスカップの分布図」が入っており、苫小牧の勇払原野以外にもハスカップの原産地が在るのだと云うことを知りました。30年ほど前のことですが。

小玉　山本先生のおっしゃるとおり、ハスカップはもともと北海道の太平洋沿岸から内陸部の標高の高いところなどに自生地があります。一部の標本も確認させていただきました。

ただ、強調したいのは「自生している地域」は、「利用していた地域」と、同じではない、ということ。釧路湿原にもハスカップが自生しているそうですが、道東出身の方から、コケモモの利用の話は聞きますが「釧路にも、ハスカップが自生することを知らなかった」といわれたことがあり、驚きました。被度・群度の差と、草苅さんが以前おっしゃっていた通り「湿原との距離感」だと思います。今は、この「距離感」に、物理的な距離（生活圏と湿原・ハンノキ林からの距離）というだけでなく「精神的な距離」も加味されているのではないかと考えています。

「シベリアから鳥（またはハクチョウ）が運んできた」という“伝説”が生まれ、受け入れられたのは、「ハスカップ自生地である湿原・湖沼と人の生活の“心の距離”の近さ」の表れではないか、と考えています。

草苅　ハスカップがミズゴケの上で発芽し湿原で大きくなり、そのある大きさのハスカップを勇払原野から道内各地へ里子に出して、各地で大きな実のなるハスカップを見ながら気が付いたのは、ハスカップは発生や自生の適地と、生育や栽培の適地が違う、という強烈な印象でした。さらに千歳の自生地が示すようにシラカバやカシワの林でも生きていくという、その環境適応力でした。決してハスカップはか弱い植物ではない、ということです。

釧路から勇払原野に流れてくる間に２倍体が４倍体に変異したならば、ハスカップはその地質年代的な時間をかけて、人々の目につく原野や畑でも生きていける環境適応力を獲得したのだとみなすこともできます。したがって釧路や霧多布の湿原ではハスカップ摘みが風物詩にならず、勇払原野で初めて実現した…。仮説の仮説ですが、こう考えると面白い（笑）。

● ここ苫小牧だけにハスカップ文化が花開く必然

草苅　上の話に関係するのですが、一昨年の平成27年、日本一のハスカップ群落が勇払原野にある、という話が本当に事実なのだろうかという疑問が湧いて、まず釧路湿原に行ってみました。ビジターセンターのガイドに勧められたポイントでハスカップを見つけましたがとても貧弱なもので、群落などというものではありませんでした。

霧多布湿原のNPOで浜中町に生まれ住んでいる方に聞いても、ハスカップ採りに行くというほどの群落はなく習慣もないということでした。同じく道東の恋問（こいとい）湿原、晩成湿原にも自生すると言われているので寄ってみましたが、出会うことはできませんでした。

最も身近な千歳のハスカップ群落は、千歳空港の造成などで激減したと聞きますが、南千歳にはシラカバやカシワとともにハスカップが自生しており、その密度は勇払原野に劣らないものでした。しかし、平成27年から28年にかけて、その残された大きな群落はメガソーラーのヤードに替わりました。一網打尽のように、徹底した皆伐、そして一面造成です。あの場面において千歳でハスカップ保存運動が起きなかったとすれば、それはハスカップ市民としての苫小牧との歴史の差、人々の生活におけるなじみの差があるのではないか、と思います。

さて、一大群落の確認はそんな風にして完全にはできなかったのですが、勇払原野のハスカップ自生地は、道内では最も広大な群落であるとの実感が出てきました。そして同じころ、厚真のハスカップ栽培農家・山口ファームの山口さんは、ファームにハスカップ摘みに来る人々はほとんどが苫小牧の方で生食の愛好者もメインは苫小牧市民だと言うのです。しかも、この生のハスカップを食したり加工したりするのは、勇払原野を共有する「苫小牧の文化」ではないか、具体的には「とてもローカルな食文化だと思う」と言われました。

ハスカップとそれを食することが、地域のきわめてローカルな、日本のここだけの食の文化である、というこの説。文化というのが大げさであれば、きわめてローカルな食の習慣、あるいはもっと穿(うが)った見方をすればある時期に誕生した原野のニュービジネスだったのは間違いありませんね。

小玉さんはどう考えていますか？

小玉　文化、というと何を思い浮かべるか、ということにも絡むと思います。が、文化というものを「経済活動を伴わず、精神的な活動によって動くもの」という定義で捉えるのであれば、「ハスカップは勇払原野の共通の大衆文化（民俗・風習）に発展した」と言っても良いのでないか、と感じる時があります。小さい頃ですが、店頭で売られているハスカップを食べた後、自生のハスカップをもらって食べて、一言で表せない酸味に驚きました。しかも、ブルーベリーなど他のベリーに比べると、大量生産・流通にはあまり向かない果実で、なぜ、このような果実を食べようとしたのか、そしてわざわざ小果樹として栽培していったのか…。

そのたくさんの“なぜ”が「ハスカップの塩漬け」を見たとき、解決しました。これが、本来のハスカップの姿だったのだな、と。

そして、先日、厚真の山口農園の移動販売で、ハスカップスムージーをいただきました。ほんのり酸味のある甘いハスカップをまるごと頬張っているような味で、この多様な風味はブルーベリーも太刀打ちできないだろう、と思いました。

ハスカップの塩漬けも、ハスカップスムージーも、どちらもハスカップです。ここまでハスカップを商品化・果樹として栽培してきた根底には「愛着」（土着）が感じられます。

もちろん、経済活動による部分もあったのですが、ハスカップ産業の面白いところは「何か特定の大きな権威や権力、営利目的によってのみ生み出された」ものではなく「いろいろな方々に利用され、関わりによって広がっていった」ものだという点だと思います。生活圏のそばに自生地があり、それを摘み取り利用している人がいなければ、ここまで多くの人に利用されることもなかったでしょう。そこには、多くの人の気持ちや努力、生き様、感情といったものが絡まりあっていてそれがハスカップだ、ということが見えてきています。

前段でも述べましたが、「ハスカップの自生地」は、必ずしも「ハスカップが利用されていた場所」ではない、ということ。「人と原野の“距離感”」の象徴ではないでしょうか。

原野に住んだ人、ハスカップとともに生きた人、それは、決して平坦な歴史ではなかったから、なおさら重要なものだと感じています。

山本　ハスカップはとても身近にあった植物でしたから、苫小牧の人々には大変なじみの深い大切なものだったのだろうと思います。特に戦後は物不足で食べ物も不足した時代でしたので、その用途も今のように嗜好品としてジャムなどにするのではなく、そのまま食べたり、砂糖をかけて食べたり、塩漬けにして梅干し代わりにしたという話しを聞きました。ただ弁天沼の近くの農家のあった跡に植えられていたスモモの木が今も残っています。当時スモモは梅干し代わりにつけたということも聞きました。物のない時代の子供らがお金もかけずに口に入れられたのは、野いちごやハスカップ、スモモだったと思います。

昭和28年、株式会社三星がお菓子の「よいとまけ」を販売しました。その後、市民から原料のハスカップを買い取って、ハスカップがお金になるという時代がきたわけです。苫東開発と同時に勇払原野のハスカップの木は全道に移植され、苫小牧の勇払原野の特産ではなくなりました。それにしてもハスカップを採りに行くという初夏の風物詩が勇払原野から消え去ることは、市民としては寂しいことですね。

草苅　買い取りが行われていたピークの時期は、西港の工業地帯を造っていた時代だと思いますが、そのころはどこにでもあるもので、環境アセスなどの制約もなく開発事業者が移植する義務もなかった、市民はいわば他人の土地からなんの元手も出さずに採りお金にすることもできた、それが昭和50年代には苫小牧の東部の方で、地域では二つ目の大型開発が始まって、失われるハスカップの見直しが行われるようになった、それも「失われるハスカップ」「滅亡するハスカップ」という開発の悲しい側面をみせながらです。このころからハスカップは社会的産物になってきたのだと思います。

小玉　山本先生に一つお聞きしたいのですが、苫小牧に入植されてきた方々への聞き取りを通して、勇払原野というのは、多くの人の目にどのように映ったのでしょう。そして、そこから、どのように生活を築き上げていったのか、多くのお話を通して、感じたことをお聞かせいただければ幸いです。そこに、自分の知らない「人と原野の物語」がたくさん眠っていると思うからです。

山本　私が聞き取りした方々は主に戦後開拓者が多く、東京開拓団のように全くの素人集団や、弁天や柏原に入植した人々の中には樺太（現ロシア国サハリン）や広島で農業経験のある方々もいました。戦後開拓者の多くは、敗戦ということで着の身着のままで来た人たちがやっとたどり着いた所でしたが、土地は火山灰や谷地（やち）で、夏でも海からガスが押し寄せてきていつも気温が低いこんな所はどんな素人の眼にも農業など出来る所でないと映ったと聞きました。

ただ戦後開拓者がたどり着いた苫小牧は、現代のように食べ物が世にあふれ、さらに仕事も沢山あるというような時代ではなかったのです。どこにも行き場のなかった人たちを受け入れたのが勇払原野でした。いわば勇払原野は、迷い悩み飢えた人々がたどり着いた母なる大地でしたが、自然状況は厳しく、失望と落胆の中から新たな勇気を振り絞った大地でした。その大地にも春になれば花が咲き、野鳥が飛び交い、やがてハスカップや野いちごの実がなり、どんなに入植者の人々に喜びを与えたことか、と思います。

草苅　わたしがハスカップを知ったころのとても思い出深いエピソードはハスカップの塩漬けのことでした。わたしが学卒で苫小牧に来た頃ですからざっと40年ほど前の話ですが、ある高齢のおばあちゃんが「もう何も食べたいものはないが、もし手に入るならハスカップの塩漬けが食べたい」といったのだそうです。ハスカップの塩漬けといえば、当時は梅干しの代用として弁当にいれたものだと聞きます。そのおばあちゃんはその塩漬けを口にして間も亡くなったということです。最近、わたしも塩漬けを作っているのでときどきハスカップ塩漬けを真ん中につめたおにぎりを食べますが、地域のソウルフードのように感じることがあります。

いまわの際に食べたい食べ物。山本さんは勇払原野の開拓団の方々にも数多くお話を聞いて来られたそうですが、そのような中にハスカップの塩漬けのことや生活の中のハスカップのエピソードはなかったですか？

山本　ハスカップ採りのことはいろいろ聞きましたが、皆さんが話されたことと同じです。ただ離農して苫小牧市内に居住した方の中でハスカップ栽培をしている農家が転勤先の高校の近くにありました。最初見たとき「これはなんの木か」とびっくりしました。私がハスカップを知った最初でした。このように街中にハスカップ農家があり、ハスカップを大切にしている農家があるということに感動しました。

草苅　こうして考えてみると、ハスカップは単に風物詩として生きてきたのではなく、まず果物など栽培が難しい苫小牧でイチゴなどを買えない時代にあってはスモモや梅と並んでかなり有望な代用果物だったことですね。弁天開拓の黒畑ミエさんがおっしゃるように、それが原野のどこにでもあった。また市内の小学校の脇などにも自生していた。

また、立ち入ってもあまりうるさく言われない不毛の湿原の中にあるハスカップは、いわば元手の掛からない農地、畑のようなものだった。だから人々は小遣い稼ぎにハスカップ採りに出向いた。自家用は必要な分残してあとはちょっとしたアルバイトになった。そういう市民経済の面からも位置付けておく必要がありますね。見捨てられた土地から産出される。そこに湿原というコモンズの側面が見えてくるのです。農地にもならない湿原は無用の長物だからこそ、みんなが自由にアクセスできるコモンズとして使われてきた。しかし、コモンズは不安定なものです。ハスカップに悲劇が起きる芽も実はそこに潜んでいるわけです。

●ハスカップ、その新しい担い手たち

草苅　ハスカップをざっと概観してきました。かつてハスカップは苫小牧の夏の風物詩というややマイナーなシンボルでしたが、三星さんのお菓子やリキュール、ジャムとしての加工販売が進みました。食品分析も進展を見て、健康に欠かせない成分をもった機能性食品として注目を集める一方、供給側のハスカップの品種登録や栽培技術の拡大など生産者の側も着々

と販路を伸ばし、特に厚真町は栽培面積日本一のまちとして名乗りを上げて有名になりました。

一方では、28年２月、苫小牧市立美術博物館がハスカップをメインにした企画展を開催して、ハスカップが今や幅広い関係者がいることを明示しました。もちろん、その中には駅前の商店街で毎年ハスカップウィークというお祭りを続けてきた駅前商店街の方々や女性グループ、市議会に保全を訴えた郷土文化研究会のようなグループ、それに応えた行政、そのほかにも群落の組成についてGPSなどを使って調べてきた私たちNPOなどもいます。

この頃、ハスカップの担い手は小玉さんなど新しい世代に替わろうとしています。

小玉　私は“担い手”などという身分はおこがましくて、「採りに行く」「食べる」「食べさせる」「語る」「聞く」「書き残す」といった、俗っぽい「つなぎ手」のはしくれだと思っています。

栽培に着手されてこられた方のお気持ちや、移植に尽力されてこられた方のお話、商品化やPRのために奔走している人たち、現在の厚真町などの取組などを拝見していると、ただただ圧倒されています。栄養価や栽培などの面、湿原の総合調査として「ハスカップを調べ、記録してきた人」もたくさんいましたし、高校の郷土文化研究会や新聞局の生徒たちも、ハスカップのことを調べようとして記録をしています。

これらを拝見し、正直、今は「学芸員として」ではなく「苫小牧に生まれ、住んでいく一人の人間として」ハスカップの側にいたい、という気持ちが強くなっています。子どもたちの代になっても、その次の代になっても、ハスカップ文化や、その礎（いしずえ）になってきた人々が語り継がれていくように願っています。

これから、今以上にどんどん「自生地のハスカップ」を知る人は少なくなってきます。その中で、単なるキャッチコピーとしての「勇払原野が育んだハスカップ」という言葉だけで片付けようとすると、やがて事実を塗り替えようとする人々も出てくると感じています。

これは私の考えですが、地域を振り返る上で、上澄みの“美しく、キャッチーで分かりやすい”部分だけ抽出しても、そこに“人の生活や時代背景、当時の価値観や人々の心理”も情報として付加しないと、歴史はただのファンタジーに成り下がってしまうと思うのです。これから、ハスカップの自生地の記憶はもちろん、真実に向き合い、自分の中で反芻(はんすう)し、何らかの形で次の世代に伝えていくことができていけば、と思います。まずは、「ハスカップを食べる」ことから。(笑)

草苅　正直、ハスカップはこれからどう扱われていくのでしょうね。食品としては、栽培が順調に進み、機能性についても平成30年ころにはより踏み込んだ本がでるという噂もありますから、その方面でさらに注目されていくことと思います。

では、そのオリジナル、勇払原野のハスカップはどうでしょう。遺伝子資源は苫東のハスカップ移植地に２万本程度がそのままあるという見方もあります。

でもそれは自生地から移植されたものであり、コモンプール資源に当たる自生地への注目はどうなのか。ハスカップという植物は、歴史とともに歩んでいる一つの現象でもあるわけですが、なんとかその背後に横たわる事実関係を記録しておこうというのがこの本の本当のねらいであるわけです。

● ハスカップの自生地は遊水地として保全される功罪

草苅　今、地域では苫東の広大なハスカップ自生地が、人々に残されたコモンプール資源・ハスカップのフリーアクセスのゾーンですが、この一大メッカは、安平川の洪水対策の一環である遊水地に指定されます。洪水になれば今でも長期間、遊水地として水浸しになる一帯です。

これが自然保護の観点で有用視されるあまり、どのように市民と関わっていくのかが見えません。事前の植生図にはあたかもハスカップが存在しないかのような、矮小化された記述になっていると聞いています。

つまり、以上のような市民史、住民史の中にあるハスカップというものが、どうケアされていくのかが見えないのです。その後見人を、地域に住む市民が先代の人々から引き継いで担う、ということかと思うのです。担い手というと多面的過ぎますが、たとえば、市民誰でもがアクセスして採取できたコモンプール資源・ハスカップの原野がなくなったり、アクセスが制限されたり、ハスカップが枯れたり、というとき、それをなんとかそうならないようにしたいのです。

まず、①一大自生地はこの勇払原野のサンクチュアリ周辺だけなのか、②そこのハスカップは一部枯れ始めているが、現状はどうなのか、③天然更新しているのであればどのようにしているのか、④千歳のように乾燥化していってもそれは遷移の方向として認めるのか、⑤かつては開発で生育地を狭められたハスカップが、今度は勇払原野の自然保護の犠牲になって、コモンプール資源でなくなる可能性はないのか。

わたしの漠然とした疑念はそんなところにあります。できる範囲で自分なりにまとめていくことが、勇払原野に関わった証であり、なにはともあれ、そんな風に産土（うぶすな）（土地の神様）と一人の人間として往来できたことを喜びにしたいと思います。

小玉　草苅さんと話して、以前「ハスカップが物理的に消えることよりも、人の心から消えることの方が悲劇ではないか」というニュアンスのお話を伺ったのを思い出しました。その意味を飲み込めずにいたのですが、ようやく、少し理解できたような気がします。

ハスカップだけでなく、山菜などもそうですが、山や原野、いわゆる“その辺の土地”に入り、ちょこっと利用してきた、そういう「ゆるさ」がハスカップを育んできたのだろう、と感じています。「手付かずの状態にして保護」か「開発・造成」か…という二極化の中では、生まれなかったものでしょう。かつての「山や原野と人のつながり」というものがどうなっていくのか、見守らないといけないと感じています。

山本　樽前山を仰ぎ太平洋が間近にある苫小牧に住んで思うことは、山と海の恵みということです。一面から見ると樽前山の繰り返される噴火や単調な海岸線、そこから醸し出された火山灰地と海から押し寄せるガスといわれる海霧による寒い夏のイメージは、マイナス面として受け取ってきました。確かに自然港の函館港や室蘭港などと苫小牧の海岸は違います。さらに樽前山の噴火というマイナスイメージがつきまといます。しかし樽前山の噴火が火山灰を野や海に降り注いだ過去があったから、ハスカップやホッキ貝が生き延びたのだろうと思います。

しかし「不毛の大地」といわれた勇払原野には、明治時代から戦後開拓に至るまで多くの人達が火山灰地と湿地に挑みました。二百戸もの農家が苫小牧東部工業基地や港になった大地に生きてこられたのです。そのことを忘れてはなりません。先にいいましたように、野鳥をはじめ鹿やキツネなどの生きる大地でもあり、野草やハスカップなどの木が生きてきた大地でした。苫東開発によりそれらの大地がなくなっていくことは、そこに生きた人びとだけでなく、生きとし生きるもの全てのものの生命の大地がなくなっていくということでした。自然と開発の問題は、人類の永遠の課題だと思います。

● 樽前山神社の神様

草苅　わたしは50歳になる前頃から冥想をはじめましたが、そうしている間に、人間の本当の幸せとは、住んでいる土地、もっと言えば産土（うぶすな）という土地の神様とつながっていると実感できることだという、小さな悟りに至りました。条件反射する自分が日常の自分であり、もっと奥の方に本当の自分がいることにうすうす気づいている人は少なくないと思いますが、冥想はこの本当の自分を感じることができる数少ない方法で、この過程に、産土を感じることができる。

実はハスカップのサンクチュアリ一帯の自生地には小高い丘のようなところがあって、ここから見渡すと目に入るのはなんと、樽前山と森林とハスカップなどの自生する原野（湿原）だけなのです。ここで産土につながる幸せを感じることができるのは、勇払原野を風土として生きる庶民として最大の喜びではないか、と感じることがあります。

産土という観点で、苫小牧あるいは勇払原野の風土を見直してみるうちに、樽前山神社は、山の神、原野の神、森の神の三神を祀っていることに気づきました。勇払原野で長年過ごしていると、まさにこの３つがもともとの風土を創っていて、宅地・マチの部分をとれば視覚的にも場は基本的にこの３要素なのです。

ところで山本さん、樽前山神社がこの風土の三大要素である樽前山、森林、原野という三神をまつっているというのは、どういう意味をもっているのですか？

山本　苫小牧の歴史を振り返ると、江戸時代は勇払に会所（役所）があり、また物品の売り買いに関わった場所請負人がいました。勇払では山田屋がそうですが、北前船で本州と結びついており、蝦夷地の鮭などの海産物が本州に運ばれていきました。山田屋は勇払の弁天社（のちの恵比須神社）で海上の豊漁や安全運行などを祈りました。この松前藩の統治はアイヌ民族を酷使して問題を今日まで残しています。明治時代になると明治政府は蝦夷地を北海道として開拓していきます。開拓使は、移民を奨励し北海道開拓に全力を挙げる政策をとりました。反面先住民族であるアイヌ民族は、同化政策によって強制移住や差別的政策に呻吟（しんぎん）して生きてきました。

このような歴史を振り返ると、江戸時代の勇払の弁天社は海の安全を、明治以降の樽前山神社は、陸の開拓に関心が向かったということでしょうか。

日本には古来山岳仏教があり、山に対する尊信の信仰がありました。この山岳信仰の修行僧円空は、17世紀に蝦夷地や山々の安寧（あんねい）を願い、虻田郡豊浦町礼文華（れぶんげ）の洞窟で樽前山に納める仏像を造仏しました。これが錦岡樽前山神社に奉納されている円空仏（苫小牧市指定有形文化財）です。荒ぶれる樽前山に安寧を祈ったものと思われます。

小玉　函館市の市史の記録や、苫小牧の郷土史家の方によると、菊池重賢巡回日誌に、本来錦岡樽前山神社には『瀬織津姫』という大祓（おおはらえ）の祝詞に登場する神が祀られていた、という記載があります。まだ私も不勉強ですが、瀬織津姫は、「(地上の罪穢れを) 川の瀬から海に洗い流す」という特性を持っていることを知り、興味深いと感じています。

草苅　繰り返しになりますが、樽前山神社と３つの神様についてお聞きしたのは、ハスカップの大群生地のちょっとした丘で眺めの良いところにたつと、目の前に樽前山という山、そして平坦な森、そして茫漠たる原野という、３つの構成しか目に入らないのです。この３つが人々を守る神様だとしたわけですね。樽前山は今、山本さんがご紹介してくれたように信仰につながった。コナラやミズナラなどの広葉樹林がもう一つの産土であり、ハスカップやヨシが代表する広大な原野も産土の柱であった、と。

神が宿る場は守らねばならないとすれば、樽前山は国立公園としてまず保証されています。森林は、これは宅地開発や農地開発がありうる、原野ももうこれ以上開発するところはないよ、というところにようやく差し掛かっています。樽前山神社に祀られている神々は、人口減少社会に差し掛かってようやく今、安寧の時期を迎える、ということになるのか。この辺はこれからの老後のテーマとして勉強してみます。

● あらためて、原野やハスカップは誰のものか

草苅　コモンズの研究を始めてから、この分野ではハスカップのような共有資源をコモンプール資源と呼ぶことを知り、時々そういう呼称を使って苫小牧におけるハスカップの位置づけ、意味づけをしてきました。そしてハスカップ群落やその核心部分をハスカップ・サンクチュアリ、つまり

ハスカップの聖地と位置付けました。この聖地に近年いろいろなステークホルダーが濃く薄く関わるようになりました。で、この聖地はいったい誰のものなのだろうか、という疑問が湧いてきます。まるで、アイヌの聖地を守る動機みたいな…。

山本さんは、土地というものをどんなふうにお考えですか？

山本　勇払原野は明治以降農牧業によって穏やかに開かれてきました。敗戦後は戦後開拓者も包み込み静かに農牧業が営まれてきた勇払原野は、大規模工業基地や築港など、新たな時代を迎えたのです。

戦後の昭和30年代に市営バスのバスガイドをしていた方の証言では、早朝一番のバスにカンを背負い、手には大小様々な入れ物を手にさげた沢山のハスカップを採りにゆく人達がバスに乗り込んできたそうです。そうして東京開拓団の「勇払開拓口」の停留所から降りだし、沼ノ端を通り柏原、静川と降りたそうです。これはハスカップがお金になる、商品価値のあるものとなったからだと思います。

その後勇払原野の農牧業は苫東開発によって終焉を迎えました。苫東内のハスカップは広く道内に譲渡され移植されました。このハスカップの普及化は、ハスカップ商品の一般化、全道化を生み出しましたが、希少価値としての勇払原野のハスカップは、存在意義を失っていきました。

「『よいとまけ』と三星」という演題で講演された三星の元社長室長だった白石幸男さんは、大規模工業基地化によって勇払原野のハスカップの木が全道に移植栽培されたことについて、一言「あれをしなければ良かったような気がします」といわれました。大変重い言葉です。勇払原野に生きてきたハスカップは、新たな全道の大地で生き伸びているということですが、苫小牧の勇払原野に自生するハスカップは不幸な状態に追い込まれています。もし聖域という形でも残るのでもあれば、大変良いことだと思います。勇払原野に生きていた生きとし生きるものの全ての大地として、可能な限り守り残すことに叡知（えいち）を集めて考えることが必要だと思います。

小玉　ハスカップが不幸だったのか、幸だったのか…それは、自分にはまだ分かりませんが、ただ「ハスカップは、とても正直」だと思います。無理がきかない、後々に結果が出てくるものだと思います。実際、千歳では「大量生産」を目指したのですが、それは下火になっていく。それは、大量消費・大量生産に向かなかったからです。

そして、「ハスカップが文化か否か」…では、そもそも「文化」とは何なのか。文化≒人の精神活動ならば、かつてのハスカップ採りは「文化」的な要素も孕（はら）んでいたといっても過言ではないと思います。

場所はいえませんが、植生調査をしていた時、コモンズではない場所でハスカップを採集している方に現場でお会いしたことが何度かあるのですが、多くの方は目がギラついています。それが、金銭のためなのか、競争心なのか、後ろめたさなのか、一概にいえませんが。ギョウジャニンニクなどの山菜にも、同じような風景を目撃したことがあります。そこでは、ハスカップや山菜は既に「文化」ではなく「消費」「資本」の対象になっている、と感じました。

もちろん、三星さんがハスカップの買い取りを始めた際も、ハスカップが「消費や資本の対象」として転換期を迎えたわけですが、聞き取りをすると、その頃は、まだ「みんなでワイワイとハスカップを採りに行く」「子どもたちが、ハスカップを売り、その小遣いで縁日に遊びに行く」“ゆるさ”が残っていたように見受けられました。今も、ハスカップのコモンズではそのような風景を拝見することができました。

● まとめとして

草苅　最近の科学調査からいろいろなことが推測されますが、わたしは生命力の強い、多様な環境に活き、アムール川源流部から何万年かをかけて海を渡ってきたかもしれないハスカップは、滅びることはなく賢い活かし方を試しているように思います。共有の財産としてわたしたちの意識の中に呼び戻すこともできるし、勇払原野で進められた開拓や開発の犠牲者、あるいは単に苫小牧のシンボルとして位置付けてみることもできます。改めてハスカップという歴史、ハスカップという悲劇と可能性を評価してみることも苫小牧のアイデンティティを探る作業として個人的な興味があって、コモンズ関係の出版の際、わたしは「ハスカップ・イニシアチブ」という言葉選びをしてみました。ハスカップに地域のアイデンティティを重ねてみるという手間を経て、まだ誰も立ち入ったことのないハスカップの世界が始まる、という意味を込めてみたのです。

ハスカップは、夏になるとイチゴを食べ夏の終わりからはリンゴをいただくという食習慣、嗜好とは似て非なるものです。開発から生育を狭められてきたハスカップとその愛好者たちが、今後、自然を保護するというかつてのカウンターパートからコモンプール資源としての位置を狭められることのないように、知恵を絞っていく必要があります。

今回は、ハスカップを真ん中に置いてお互いの立場から自由闊達なお話をいただきました。こうやって見ると、やや物悲し気なハスカップという生き物は、生物としてもバーチャルなシンボルとしても、果敢に、たくましく、時には人々をもてあそぶように社会に飛び出しているようにも見えます。これからもハスカップのステークホルダーの一人として、食べ、楽しみ、幸せを感じていければと思います。長時間、ありがとうございました。

おわり

＊この鼎談は平成29年７月および８月、苫小牧市美術博物館において行われました。

第1章

ハスカップの思い出

● 聞き取り調査から
● 寄稿

開拓時代の興味深いハスカップのお話を数名の方から伺った。平成27年10月31日は苫東の弁天地区で開拓に入り、用地買収に応じて錦岡（現在のときわ町など）に移転された黒畑ミエさんを訪問した。弟の長峯修さんともども弁天から移植したハスカップを栽培しておられる。ハスカップ栽培の先駆けに当たる方だ。「どこにでもありました」。これがハスカップの往時の素顔。

● 聞き取り調査から

NPOでは平成27年から、前田一歩園財団の助成を受けて地域の方々からハスカップに関する思い出話などを気軽に聞き取っていく活動を開始しました。苫小牧市美術博物館の小玉愛子主任学芸員（当時）に協力してもらい、苫小牧郷土文化研究会の山本融定さんも適宜参加されました。以下は、聞き取りの内容を当時のテープとメモをもとに可能な範囲で活字化・文章化したものです。（文責：草苅健）

① 斉藤 泉さん

平成27年６月30日　苫小牧市静川　雑木林ケアセンターにて

《プロフィール》

父・末治さんは福島から上富良野に入植し厚真へ。昭和９年、苫小牧市静川（苫東地区）生まれ。厚真町出身のサキさんと結婚。現在ハスカップは自宅でも栽培。（聞き取り時　81歳）

● 静川での当時の暮らしを教えてください

農業をするため開拓でやって来たのは、上富良野からの人が主でした。うちはオテーネ（今の苫小牧市泉町、住吉町あたり）の土地をもらっていましたが、水に浸かるところであまりいいところではないため、蔦森山林で働きました。炭窯があちこちにあり、３年くらい炭焼きをしていました。その頃、蔦森さんの土地を借りて田んぼをつくっていたのは、岩田さん、亀ケ森さん、平戸さんで、蔦森さんの田んぼの中の沼は小学校のスケート場でした。

その後、厚真で米作りをして、米をやめてからは部落で日雇いみたいな仕事をしていました。わたしがもっていた土地は苫東基地づくりのため北海道企業局に買収されました。

安平川にはコイがいて、７月の産卵期になるとヨシが揺れるので、ヤスで突いてとったりもしました。小学生の頃、女の子もパンツひとつになって一緒にとって遊んだものです。コイは焼いて味噌漬けにして一斗樽に入れます。馬車で行ってずいぶんとりました。

父親は水利権を持っていました。安平川で漁業権を持って、冬のアカハラを小樽方面へ焼き干しにして売っていたのです。味噌で煮るととてもうまかった。弁天沼ではタニシとカラス貝がとれました。タニシは固くて食べられないですが、カラス貝は焼いて食べました。

●ハスカップとの関わりはどんなでしたか？

ハスカップは毎年12、13キログラムほどかな、たくさん採って1年中食べられるくらい保存していました。梅干し代わりに、お弁当の真ん中に乗せるんです。酸が強いので、当時のアルマイトの弁当箱の真ん中だけ穴が空いてしまいました。

鉄砲打ちだった父親に山のことを教わり、「食べれとは言わない。ただ、食べれるものは覚えておけ。覚えておいて悪いことはない」と言われました。ハスカップのほかに、ノイチゴもありましたが少なく、浜にあったハマナスは実から種を取るのがたいへん。ヤマグワや、秋にはブドウ、コクワも採れましたが、ハスカップほどではなかったです。

ハスカップは、それしかないと言えるくらいどこでも見られて、山菜とはまた違った感覚で利用していました。終戦後の開拓地にもずいぶんありました。平戸さんの裏には群生地があり、早来の玄武あたりにもあったと聞きます。厚真から馬を連れて採りに来る人もいたそうです。一斗缶やリュックを背負い、小さい入れ物を腰につけて、谷地(やち)を藪漕ぎして採るんです。

まめな人は、ハスカップの実を三つ、四つくらいシソの葉にくるんでたたみ、重ねて漬けます。手間がかかりますが、塩で漬けてごはんのおかずにしていました。

ハスカップは一夜漬けや、浅漬けでも食べました。漬かりすぎてしょっぱくなると捨てたくらい、ハスカップはたくさん採れました。ほかには砂糖をかけて食べたり、焼酎に漬けたり。でもそのまま忘れてしまい、汁をとってから固くなった実を捨てたこともあります。一番の利用方法は、長く保存できる塩漬けですね。

● ハスカップの思い出を聞かせてください

苫東地区で開発が進んでからは苫東会社関係の仕事（現地からのハスカップ移植やジャムづくりなど）で苦労したので、身近にありながら「もう見たくない」という思いが実はあります（笑）。当時の苫小牧東部開発株式会社の子会社「苫小牧興発」でハスカップ管理の責任者を務め、ハスカップの加工品をつくるために朝早くから夜遅くまで収穫していたのです。

苫小牧興発は上厚真にハスカップ加工場があり、会社のはじまりの昭和48年には商工会議所の一角に苫東会社とともに事務所を間借りしていましたが、57、58年頃に苫東地区内の柏原に親会社と一緒に移りました。ハスカップ以外にも不動産、保険業など業務は多岐にわたり、北電の作業員の宿泊所運営も引き受けていました。

原料を採ったハスカップ畑は、つた森山林内にある現在の全国植樹祭跡地の北隣りです。摘んだハスカップを受け取り、帰ってから冷蔵庫に入れる作業を、夜中の１時、２時までも続けていました。

加工場の現場で実が足りなくなると、富川、鵡川からも買い付けしました。夜中に戻って冷蔵庫に入れ、まだ空きがあれば厚真の軽舞（かるまい）にも14キログラム入る箱を持って買いに行きました。厚真の高丘、千歳、長沼まで行ったこともあります。当時の最高取り引き価格は１キログラム3,300円。軽舞にはハスカップの苗から栽培していた人がいて、「斉藤さんには儲けさせてもらった」と今でも言われます。その頃、美唄から買う菓子会社もありました。

● どんな加工品をつくっていましたか？

ハスカップのワインやジャムをつくって、苫東関連のお客様への贈答品としてお中元に使い、多くの方に喜ばれました。そのほか、お菓子用にと原野産のハスカップを求めた千秋庵や、北海道ワインにも実を渡し、「ハスカップワイン」は苫小牧興発の名前で販売していました。

苫小牧興発のジャムは高純度です。汁をほかの加工品用に取り除く方法もありましたが、興発では実を余さずそっくり使い、白砂糖は冷えると固まるのでグラニュー糖で加工しました。ハスカップジャムづくりは妻が工場責任者でした。

中央が興発のハスカップワイン、右は黒畑さん製、左は米国オレゴンのリキュール

実を何キログラムも大鍋に入れ、グラニュー糖、水飴を加えて3時間くらい煮詰めます。焦がしたらダメなので、ずっとついていないといけません。退屈で眠くなると「寝たらダメだよ！」と作業員に声をかけたものです。職員10人くらいで分業して瓶を洗って乾かしたり。瓶で5,000本くらい生産し、当時の王子ショッパーズなどでも販売していました。

● ハスカップの性質は？

ハスカップは熟しすぎると、実に虫が入っていることがあるから早く摘んだ方がいいですね。ハチがついているところはあまり見ませんでした。

ハスカップの木は、ほかの木の陰になると弱くなります。昔の苫東は湿地帯だったので木が大きく育たず、ハスカップは陰にならずに済みました。木があっても低かったため、実がたくさん採れたんですね。

● ハスカップや苫東地区への思いを聞かせてください

孫が「おばあちゃんがいなくなったら作れなくなる」とジャムづくりをせがむようになり、今年（平成27年）はハスカップの実7キログラムで作りました。よそから今でもジャムの作り方を教えてほしいと声をかけられますが、教えません。ハスカップは会社のもので自由にできないからと、笑って言っています。

現在、野菜栽培のプラントがある場所（柏原）は農家がいたところです。柏原、静川、弁天で、170戸が暮らしていました。一帯の工場の人たちの多くは、かつての移り変わりのことを知りません。土地を経済の視点でしか見ないでいると、風土・歴史は関係なくなってしまいますね。開発が始まってから、土地買収で成功した人、失敗して身を持ち崩した人、どちらもいたんですよ。

② 大島 カツ子さん

平成27年８月１日　大島さんの遠浅の自宅で（娘さんご夫婦と近所の荒木徹さんも同席）

《プロフィール》

昭和２年６月28日生まれ（聞き取り時　88歳）。
旧早来町出身、昭和23年２月、23歳のとき結婚。ご主人・清さん（故人）。
現在安平町遠浅に住み、自宅の庭でハスカップを栽培。

● ハスカップの思い出を聞かせてください

農家はお金がないので梅干しを買えず、ハスカップの塩漬けを保存して代用していました。ほかの人のお弁当には梅干しが入っていたから、当時は弁当を見せるのが嫌でしたね。その頃はヤチノミ、ヤチグミと呼んでいました。

運動会の前、田植えが終わる頃になると、ガンガン（一斗缶）を背負って沼ノ端からハスカップ採りの人が来るんです。王子公営あたりから厚真のライスセンター、本郷、美里、軽舞（かるまい）の方まで群生していました。その一帯はすっかり田んぼになり、苫小牧でも自生のハスカップはほとんどなくなりましたから、今となっては貴重ですね。

交通手段は汽車。ハスカップを採るために汽車で国鉄沼ノ端駅まで行き、そこから王子公営の裏あたりまで歩いて行きました。はじめは馬鉄でしたが、厚真の宇隆（うりゅう）でも原油を採っていた時代で、やがてガソリン車が走るようになりました。

ハスカップの木は安平の自衛隊近くや、遠浅の谷地（やち）にもありましたよ。

牛を飼っている人が水を飲ませに行ったりする場所でした。

● 大島家とハスカップとの関わりは？

ここに住み始めたのは昭和48年頃で、その頃に家の庭にハスカップを植えました。敷地の横を流れる遠浅川のミズゴケに実生の苗があり、それを移植したんです。

娘時代から、ヤチグミ（ハスカップのこと）を採るおかあさんたちのガンガン部隊を見て、保存食として塩漬けハスカップを食べていました。その頃、砂糖はぜいたく品でした。ハスカップは食べられるからと、庭に植えました。果樹園のような感覚ですね。ハスカップ採りは朝露にぬれるのでカッパを着て、自転車で行っていましたが、それなら庭にあればいい、という考えです。

植えるとすぐに根がつきました。ミズゴケについていた苗は強かったです。秋には「お礼肥え」と言って、根元に肥料を入れます。さらに剪定しておけば、翌年すぐ新しい芽が出ます。剪定すれば次々新しい芽が出て、いい実ができるんです。古い木はあまりいい実はできませんね。

● ハスカップをどのように利用しましたか？

遠浅沼から木をとってきて植えましたが、食べきれないのでどこかで買ってもらおう、ということになりました。多いときは100キログラムくらい採ったことがあります。ハスカップの実は三星や千歳の市場で対応してくれました。ガンガン部隊のすぐあとの時代です。ダイトーのお店の中でハスカップを買いとっていました。キログラム3,000円以上したこともあります。

実は、甘いのや酸っぱいの、いろいろありますが、分けていなかったです。三星でも、酸味のある方がいいと言っていました。販売・加工するには冷凍がいいとも聞きました。

我が家でジャムをつくるときは、実1キログラムに砂糖600から700グラムくらい。一晩お砂糖に漬けておいてから、つきっきりでコトコト煮込みます。冷凍庫から出してきたハスカップで、まとめてつくるんです。母親直伝の方法ですが、その年の実の具合によってゆるくなったり、まちまち。お客さんが来たらお土産にあげたりして、なくなったらまたつくります。ハスカップは色がすごくきれいですね。

家のハスカップをお金にはしませんでした。たまたま今年（平成27年）は不作で、買い取りするという広告が出ていたので提供しました。

○同席された娘さんの窪田登喜恵（ときえ）さん（昭和25年生まれ）の話

ハスカップの苗とりは母（カツ子さん）がしました。一緒にハスカップを谷地で探すのが楽しかったです。今は草取りをしたりたいへんですが、草を取らないといい実ができません。

季節になると１日おきくらいに実を採ります。真っ黒い食べごろを、１キログラム摘むのに１時間くらい。ちょっとねじってポロッととってボウルに収穫します。５、６年前からジャムづくりも世代交代しています。

③ 長峯 修さん

平成27年10月31日　黒畑ミヱさん宅で

《プロフィール》

昭和８年２月23日生まれ（聞き取り当時　82歳）。
家族とともに弁天に移住。苫東開発による造成と移転をきっかけに、新たな居住地である錦岡にハスカップを移植して本格的に栽培を始めた。

● 弁天での様子を聞かせてください

あたりが湿地帯なので、弁天沼は乾燥すると小さくなり、雨が降ると大きくなります。若い頃、どれだけ深いか入ってみたら、いちばん深いところは大人の胸の高さほどで、１メートル30～50センチメートルくらい。乾燥すると水が30センチメートルくらい下がりました。

10代後半の頃は、20歳前後の人たちと弁天沼でカラス貝をとって食べました。食べられるかどうか　何人かで試してみたんです。沼でたき火をして焼いて食べると、泥臭いが貝独特の香ばしい味が出ました。

その頃は若者が多く、弁天だけでも38人くらいいて、昭和28年に結成した農村青少年クラブで会長をやらされました。外国から入ってきた組織で、4H（よんえいち）クラブとも言い、ハート、ヘッド、ハンド、ヘルスという人間のいちばん大事なところを合わせて命名されたクラブです。終戦後すぐに行政主導で若者たちの横の連携を進めたんですね。食糧をつくるのに一生懸命だった時代のことです。

● 入植当時のいきさつや暮らしはどのようなものでしたか？

樺太から昭和23年に引き上げてきました。炭坑で３年働き、栗山から昭和26、27年頃、苫東地区に入りました。

たまたま道庁に行ったとき父のことを覚えている人がいて、国政によって27年に苫小牧で開拓地が出ることを知らされたんです。苫小牧市役所に連絡するから行ってみないか、と言われたのが始まりでした。それで、１年でも早く土地を確保して農家をやりたいと父親たちが考えて、まだ開拓行政が始まらない昭和26年、保証金も何も出ないときに自力で入りました。

戦後開拓は昭和20年。山の際に入った人たちです。そのときに補助金はありました。われわれが入ったとき、畑はあまり耕されていませんでした。皆、一時しのぎで入ったから農業を知らない人ばかりで、補助金で生活していましたね。

住宅は、はじめは掘立て小屋。萱（かや）で囲って柾（まさ）で屋根をふきました。その後、火山灰を掘り出して自分たちでつくったブロックを積んで、住まいにしました。29年に父が亡くなった頃は兄がつくったブロックの住宅に入っていたので、27、28年にはブロックをつくっていたんでしょうね。

ブロックは火山灰とセメントでできます。型枠をつくり、火山灰とセメントを詰めて天日に干すと固まるんです。家を建てるときに針金を入れ、セメントの間につないで積み上げました。

当時は全国から人が多く集まり、部落の長や会社の社長も多かったです。しかし何十戸も集まっても、開拓当時だから道路もありませんでした。湿地だからスコップで３杯も掘ると水が出るので、溝を掘って畑が乾くように造成しました。弁天地区は泥炭が４メートル近くありました。サイロをつくるときは基礎をしっかりつくらないといけない。兄は基礎に針金を組んでいました。国の事業で開拓が始まったのは28年です。

● 入植後の弁天での思い出を聞かせてください

当時、馬鈴薯（ばれいしょ）、カボチャをつくり、服などと交換していました。食糧配給がまだなかった頃、砂糖もなく、弁天でイモをつくっていると評判になり、昭和30年頃まで毎年、街から人が来ました。市営バスは１日４往復だけで国道からの道路もありませんでしたが、王子の人たちがやって来ました。

30年頃になると米が少しずつとれるようになり、それから配給が始まります。農家であっても、水田農家でなければ米穀通帳を持ちました。最初は稲塚商店へ買いに行き、そのうち沼ノ端駅前の星野さんが柏原を担当するようになりました。苫東地区に77戸が暮らしていましたね。

苫東では、開拓時代を描いた映画「夕日の拳銃」のロケがあり、うちは芦毛の馬を貸してくれないかと言われました。その馬は、きかないカンの鋭い馬だったので、危ないから貸さないと断ったのですが、専門の人をつけて責任も持つからと言われて貸したところ、無事でした。撮影されたのは、満州の風景としてです。大人気の俳優が出演し、平らな風景、地平線と海の風景が映し出されました。苫東は映画ロケ地としても歴史がある場所ですね。

● 弁天でのハスカップとの関わりはどうでしたか？

開墾した当初は、ハスカップは硬くて邪魔な木でした。35年にトラクターが入る前は馬で畑を起こしていましたから、それはたいへんでした。きれいに根まで抜かないと畑を起こせないのですが、ハスカップは丈夫だったんです。ハスカップの木の高さは、水分の少ない高台では１メートルくらい、水分のあるところならせいぜい30センチメートルくらい。いすゞの自動車工場があるあたりはハスカップの自生地でしたが、湿地帯のため丈が伸びず、30センチメートルほどでしたよ。

その頃おふくろが、たまたま苫小牧駅前の渡辺待合（まちあい）でハスカップの話をしていたところ、そこにいた「三星」の女社長が、ハスカップってどこにあるんですか？と聞いてきたそうです。弁天開拓団と答えたら、買うので持ってきてもらえないかと頼まれ、それがハスカップを通して三星さんと関わることになった始まりです。

後に三星の看板商品となった「よいとまけ」はその前からあり、近藤さんはそれより先に、沼ノ端辺りで採った実でハスカップ製品をつくり始めていました。

けれどもハスカップは多くなかったので、おふくろは三星さんになんでもいいから持ってきてほしいと言われ、時期になると一斗缶に入れてバスに乗り、持って行っていました。つぶれても葉っぱが入ってもかまわないと言われたそうです。冷凍するので、葉っぱなどはかえって取り除きやすくなるんです。ハスカップの実はいろいろ種類があり、粒の大きいものはケーキの上に乗せるために買い取っていました。

三星さんは最初、ハスカップを使ったジャムづくりは考えていなかったようです。そのうち、今の大東開発の社長さんが三星で働きはじめて、ハスカップの砂糖漬けをお菓子の中に入れられないか、などいろいろ考えてできたのが「よいとまけ」でした。できあがるまで何年もかかったと言っていましたよ。

わたしたちが弁天から出て行く少し前、「よいとまけ」は全国的に知られるようになっていました。開墾するときは邪魔くさいと思っていた木の実を使ったお菓子が、です。ハスカップは道路のふちや廃線のまわり、防風林の中にもあって、わたしたちは時季になれば実を採っていました。

● ハスカップ栽培を始めたいきさつを教えてください

苫東地区は造成されて工場地帯となるため、昭和44年に土地買収の話が持ち上がり、出て行かなければならなくなりました。はじめてここ（錦岡）にハスカップを移植したのは、工場用地を造成するためにハスカップを全部なくしてしまうと聞いたからです。それはたいへんだ、なくしたらもったいないと思い、場所を探し農協に借金をして今の土地を買い取って、弟たちと３人、トラック２台でハスカップを運びました。その頃はこのあたりに市営牧場があって、浜側には牛舎や牧草地もありました。錦岡はそうした土地柄だったんです。

当初、苫東の開発はブルドーザーで一斉に土地を平らにしてしまう予定になっていましたが、あの頃バブルがはじけて良かった。今になって思えば、そのお陰でずいぶん緑地が残りましたからね。

ハスカップを移植しようとしたとき、苫小牧市に専門的なことを聞きに行きましたが誰にも相手にされず、笑われました。議員たちも何もわからない。でも毎日運んで、引き取った株を３年かかってすべて移植しました。ここは去年（平成26年）砂を掘るためにハスカップを一部移動しなければならなくなり、２～300株がダメになって、今あるのは1,200株。ですから、移植した当時は1,500株くらい運んだ計算になります。その時の木が今もそのままあるんですよ。

ハスカップは、実を売るほかにも、実生や挿し木で増やして実がなる状態にした株を売ったりもしました。たとえば日高に数百株、大滝に数千株。大滝では公園に植わっているそうです。勉強や研究のためにやって来る人たちにも対応して、今でもうちに相談に来る人が絶えません。

● ハスカップ栽培・管理の方法と、栽培で発見されたハスカップの特性を教えてください。

花が咲く前はカメムシなどの防除、花が終わってからは毛虫の防除として消毒しておく。これを必ずしないといけません。実がなったとき、アブラムシが汁を吸うと実が変形してしまいます。また、剪定するときは一株ずつ見て、全体も見渡しながら、育てるか伐るか判断していきます。それと、日当たりも気にかけます。葉が繁ると日陰になったところは実がならないので、日光が当たるように剪定するんです。剪定は10月頃まで続きます。

春になると若芽が出ますが、すぐに実はつきません。２年目に花が咲いて、３年目から実がなりだし、５年間は実がつきます。それを過ぎるとぐっと実の数が落ちます。ハスカップの収穫期は、７月10日頃から８月はじめの10日あたりまで、わずか25日間ほど。その期間以外の育成と管理は手間がかかるし、経験も必要です。

ハスカップは湿地にあればいいのですが、いちばん心配なのは乾燥です。ひげ根が養分を吸い、野生のものは根が貧弱になりがちで、畑で育成すると根が深く入るようになり、まったく違います。畑では肥料を与えるためか、ひと抱えくらいの株だと掘るのがたいへんになるくらい根付きます。でも根元は深く入りながら、ひげ根はずっと横に這うので、株ごとに間隔を空けて植えるのがコツです。

ハスカップの花は、不思議なことに受粉する昆虫を見かけることがありません。マルハナバチはたまに見ますが、受粉についてはわかっていません。花が満開になると甘いようないいにおいがして、昆虫を呼んでいる可能性はありますが、まだ明らかになっていないんです。秋にアブラムシを見かけますが、春にはなぜかいませんね。

● ハスカップが置かれている現状と今後について聞かせてください

ハスカップは目に見えて需要が増えてきています。冷凍保存できることを知った本州の企業が一気に買い取りを進め、これまで生産を続けてきた道内の産地のハスカップが大手に直接流れるようになりました。ある飲食チェーン店ではサービス品として、ハスカップソースをのせたアイスクリームを出してたいへんな人気だったという話です。

わたしは以前、ハスカップを苫小牧でどうにか後世へつないでいきたいと、中小企業家同友会の集まりに呼ばれて話をしたことがあります。地元ではこれから民間も行政も共に、ハスカップを消費する場所を増やしながら、同時に安定した生産の方法も探っていく必要がありますね。

④ 黒畑 ミヱさん

平成25年９月23日　黒畑ミヱさん電話インタビュー　（聞き取り当時86歳）

《プロフィール》
昭和２年２月生まれ。
昭和20年に結婚、昭和22年に樺太から引き上げて夕張郡角田村に移住、昭和28年に弁天に入植。弁天で開拓、後年、錦岡（現在のときわ町）に移転、ハスカップ栽培を手がけ、品種登録。平成24年３月29日、農林水産省より品種登録第21661号として認証される。長峯修さんは弟。

● 弁天開拓について

いわゆる戦後開拓で、弁天の土地は昭和46年に買収になりました。弁天は胆振支庁が大排水路を掘り、勇払川につないで湿地の排水をして農地にし、幹線排水は農民が使いました。

入植した土地は線路の北側で15町歩でした。弁天は霧もかかりますが霧は酪農ならいいんです。気温は町より低かったような気がします。デントコーンや小豆などのほか、乳牛20頭と若干の若牛、豚のほか、鶏を150羽飼っていました。仕事からあがるのは夜の10時頃でした。配合飼料などないから、イモを炊いたりして家畜の餌を作らねばなりませんでした。

● ハスカップについて

ハスカップは牧場の周りや中にいくらでもありました。昭和46年に錦岡に移住するとき、家畜は駄目だということでハスカップを５反歩（約5,000平方メートル）で余るくらい移植して植えました。現在は500坪を２カ所、ときわ町と美原町です。

● 栽培について

ハスカップは移植後、主人とともに種や挿し木で増やし、品種改良しながら苗を全道に出荷しておりました。厚真はうちの品種である「みえ」（注：黒畑さんの名前からとった品種名）を買いにきました。さし木にすれば大きくするのに３年から５年はかかります。

よその栽培品種は甘いけれども、「みえ」は甘いだけでなく酸っぱく、カルシウムに富んでいます。カルシウムは酸味がないと含有できないのです。だから、三星さんが買い取ってくれているのです。社長がじきじきに来ました。品種は「みえ」と北海道で登録した「ゆうふつ」を好んでいました。昨年から三星さんは天皇陛下に献上しているとか。ありがたいことです。

● 現在

（平成25年９月現在）86歳です。長峰修は弟です。80歳になりますが、午後は仕事で農園に出ているがもし聞きたいことがあるのなら話をしてくれるでしょう。わたしは今でも家にいるより外にいるほうが好きです。

追記：黒畑ミヱさんは平成28年10月、ご逝去されました。謹んでご冥福をお祈りいたします。

⑤ 佐藤 秀文さん

平成27年12月27日　苫小牧市内で

《プロフィール》

㈱渡辺食堂　代表取締役。昭和21年、苫小牧生まれ。駅前通りの振興を柱に、商業者による街づくりを長年にわたりリード。特に昭和50年より駅前通商店街でハスカップ関連イベントなどを継続的に開催し、ハスカップイベントを先導。

● ハスカップにちなんだイベントについて

「ハスカップウィーク」は昭和54年、駅前通商店街で青年部を立ち上げた最初の事業として実施しました。まちのイメージづくりのためでもあります。当時は観光協会の役員もしていました。

当時もハスカップの実にこだわっていましたが、果肉が少なく香りがないのが欠点で、収穫率も低いので果実という感覚はありませんでした。ハスカップウィークというキャンペーンを通して市民の共通体験をつくれないかと考えたものです。いわば、実験的な取り組みであり、苫小牧で唯一収穫できる天然の果実がハスカップなので、みんなで喜んでお祝いしようという考えでした。

●当時、市民とハスカップの関わりは？

というものの、意気込んだ割りにはほとんどの人がハスカップの木を知らない。移植しようとして持ってきたのはホザキシモツケという別の木だったりしました（笑)。アルミの弁当箱に入れると酸ですぐに穴があくと聞かされていて、服に色が付くととれないので有名でした。

小学生の頃の同級生が演習林に住んでいましたが、彼もハスカップは興味の対象外（昭和20後半から30年代）で、だいたいがクモの巣をはらって行くようなところにしか育っていなかったのです。そんなわけでハスカップを大事に思う人はいなかったと思います。

三星さんがハスカップを原料に使っていましたが、特産品にするなどの動きはなかったように記憶しています。

「樽前囃子」の太鼓のバチを使っていることから、飛騨高山の能士会と交流することになって、高山でもハスカップの栽培を始めました。今も交流が続いており、当地の神社にもハスカップが奉納されました。

●「ハスカップウィーク」のイベント内容は？

誰もがイメージが湧きやすいよう、自由な発想でコーヒーカップを作りました。言葉遊びですが、ハス（斜めの）の形をしたカップです。右利きの人しか飲めない。

発想は独自のものにこだわりますから、動きの鈍い行政に常に抵抗していたようです。市の木や花を選定するとき、地元ゆかりのタルマエソウ（イワブクロ）の人気が高かったのですが、盗掘を恐れて半ば強制的にハナショウブに決まった経緯があります。その時ハスカップは「市の木の花」に選ばれました。

また２つの花に１つの実がつくところにも注目して、シンボルキャラクターを描きました。昭和54年からイベントポスター、キャップ（帽子)、エプロン、Tシャツなどを作り、娯楽場を会場に映画上映会も開くようになりました。

はじめの頃は商店街青年部の行事として補助金なしでやっていました。メンバーは30人くらい、ダイエーの店長、サンプラザ専門店の店長たちが青年部の戦力になっていました。毎年1回で、通算30回まで行った中で、ハスカップを守れ、残せなどとは言わずに粛々と大切なものであることを伝えていったつもりです。この取り組みは、阿部商事がエールを贈ってくれました。高丘森林公園への移植にもつながったのですが、残念ながらほとんどが後に枯れました。

映画祭はハスカップウィーク関連事業の中では赤字でした。市民会館大ホールに人が集まらなかったのです。失敗は山ほどありますが、うまくいったことも山ほどあります。ネットワークがあったからですが、音楽、絵、なんでもありで、当時の大泉市長にもTシャツを着てもらったり、駅前通りで、「よいとまけ丸太ひき」などもしました。また、オリーブをまねしてハスカップで冠を作ったりもしました。

●「苫小牧ハスカップの会」とはどういう会だったのですか？

ハスカップウィークを始める前に青年部が調査研究みたいなことを行いました。ハスカップ採りのスタイルを絵に描き資料づくりをしたりときわめて軽いものですが、昭和56年市民グループとして活動を開始したもので、苫東でハスカップがなくなったらダメになる、という危機感が背景にありました。当時は「北海道ハスカップの会」など、苫小牧以外で応援してくれる賛同者がでてきて、たった1人でも会を立ち上げてくれるような状態でした。そのような流れで「ハスカップシンポジウム」を開催することになりました。北海道開発庁の大西昭一計画監理官に基調講演をしてもらいました。苫東のビッグプロジェクトと市民をハスカップが取り持ってつなぐような役割があったと思います。

こうしてハスカップウィークは商店街のイベントとなっていきました。ただ発案者と実施者の温度差が出るようになり、やがて商店街の関与が薄れていったのが実態です。商店街の協力者が減り、イベントは縮小へ向かっていきました。店主の代替わりもあったと思います。

● ハスカップと街への思いを聞かせてください。

苫小牧には食文化がありませんでした。後にホッキフェスタを手がけたのも同じ思いでした。昔は外へ出るとハスカップだらけで身近なところにあって利用しましたが、たまたま勇払原野では食べるものがハスカップしかなかった訳です。ハスカップは地元の人々にとってまさに山菜のような感覚です。毎シーズン、２粒か３粒食べれば満足できたものです。砂糖かけて食べる。ひたすら生食でした。

以前はとにかく原野にふんだんにあり、暮らしの中に定着していた。唯一たくさん実がなる植物でシンボル的な存在でしたが、こんなにポピュラーになるのは予想外でした。そこには健康的なプラスイメージがあったのですが、人間が育てようとすると素人にはちょっと扱いが難しく、植えよう、定着させようとしたのですがうまく根付かずに枯れてしまい、下火になって、植える活動はあっさり終わってしまいました。高丘に移植した木も枯れてしまいました。

思い起こせば、市民に意識を広め、次世代へつなげるための動機がないのです。ハスカップを通して全市民の共通認識みたいなもの、共通の体験みたいなものを持てたのですが、いいものがあっても使いこなせませんでした。そこが反省点であり、地味で扱いづらいハスカップのもつ難点だったかもしれません。

とにかく自分たちのマチのことは、自分達でやらないでどうするんだ、という思いだけで続けてきましたが、「ハスカップってなに？」「どんな暮らしをして関わり、定着してきたのか」。シンボルとしてのハスカップをそんな観点からもう一度振り返る時期に来ているのではないかと思います。

●ハスカップは苫小牧特有の文化みたいなものでもあるのですか？

軽いノリなのですが、地域ゆかりのものになんでも「ハスカップ」の名前を付けてきたことがあります。しかし、マチとしての考えはどうなのか？

木を枯らしてしまって、その後どうするのか？　ここのところがあまり注目されていません。マチや商店街の活性化をめざした活動を続けていくとき、ある試みを終わらせて次へ進むときに、将来に向けた思いと現実がごちゃごちゃになってしまうのです。ハスカップを核にした、いわゆる長期のマチづくり戦略をうまく立てられず市民に展望を示してリードできなかったせいでしょう。

ただ、ハスカップについては地元住民よりも転勤族の方がむしろ愛着を持っているんです。なんらかの形で関われる仕掛けをするといいのですが、そういう人たちだけ集まる仲良し倶楽部になりがちで、そこから一歩飛び越えるのがむずかしいのです。高専の学生と交流しているのですが、アルバイトで草刈りをしてもらったところ、マチに愛着を持ってくれるようになりました。市内外の若い彼らでも、なにかマチと関わるきっかけがあると、愛着が芽生えるということですね。だからハスカップを地域の文化資源のように上手に位置付けることができれば、市民各層の愛着のようなものが育まれるのではないか。ハスカップは苫小牧のアイデンティティというか、文化なんだと思います。昨今は厚真のハスカップが注目されていますが、体験や思い出は苫小牧の方が断トツなので、市民サイドも行政ももう一度一丸となって、ここを理解してなにか取り組みを考えていきたいところです。

ハスカップが自生する原野は、クマが出没すると人が行かなくなるため、クマに守られてきた部分があります。それに原野の奥はかつてアクセスできませんでしたが、苫東のプロジェクトが進んで近くに道路もできて行きやすくなって、それからは野生鳥獣との付き合い方が変わってきました。ハスカップも同じです。残るわずかな土地で、人々が共有するためのルールが必要になってきました。

⑥ 大谷 重夫さん

平成27年８月30日　苫小牧市サンガーデンにて

《プロフィール》
昭和24年岩見沢市生まれ。
昭和49年より苫小牧市役所に勤務し、緑地公園課に長年在籍。
市内における街路や公園緑地の緑化に携わり、緑化植栽の実施・管理の第一人者。
緑地公園課でハスカップ移植等も担当。聞き手：小玉愛子、草苅健

● 苫小牧市の環境保護の動き

昭和45年代半ばに苫東開発計画が決定されました。苫東関連ではハスカップ保存と原生花園です。ハスカップでは苫小牧郷土文化研究会の名前で、市長と議会へ要望書が出されました。「市民10万人の保存の訴え」です。企業の進出計画が動き出して「工場緑化にハスカップを活用してほしい」という要望でした。当時、工場立地法により25％の緑地は確保することになっており、緑地に利用してほしいという要望もありましたが、ハスカップなどの低木には面積の条件もあって苫東基地では実際にはあまり緑化に使った企業はなかったようでした。

昭和45年12月19日には大泉市長が声明をだし、市議会で「苫小牧型の原生花園を確保する」ことが議決されました。苫東の弁天の安平川左岸にあるハマナスやノハナショウブが咲き競う一帯ですが、土地所有者や道など関係者との協議により、苫東の緑地計画内を原生花園として保全することになりました。ハスカップも原生花園も、郷土文化研究会の会長だった門脇松次郎さんが声明を出して動いたものでした。

余談ですが、現在の道道の双葉環状線にある「木もれびの道」は、ヤチダモを植樹した防風林で、植えたのは昭和30年代。当時は湿地だったようで、わたしが勤めたころも、長靴をはいてヤチボウズを踏んづけながら歩いたものです。苫小牧というのは今では考えられないくらいに湿地でありハスカップが自生する環境にあったということです。

●ハスカップの自生地、保護（移植など）の取り組み

高丘などの畑には昭和56年ごろにハスカップを移植しました。ハスカップは大成町、西町の旧中村牧場、現大成小学校あたり一面にありました。苫小牧川の西の糸井、三光町の元岩倉ホモゲン工場あたりにもありました。実は当時はあまり興味がなかったからよくわからないのですが、その頃の苫小牧は、街路樹を植えれば半分位は枯れるのが当然だった時代で緑化は大きな課題でしたが、ハスカップはそんな状況の中で付き合いました。

自生のハスカップは、恵庭の島松自衛隊の演習地内にかなりあるらしいです。植苗、千歳にももちろんあります。市の移植事業にあたっては、昭和46、47年頃から北海道曹達（ソーダ）等の土地所有者へ掘り取りの許可をお願いする手紙を書いて協力を要請したそうです。

移植にあたっては、剪定しないものと、地際から15センチメートルほどの高さで切ったものの２種類の方式で移植しました。その後の生育状況を調査してみると、地際で切って持ってきたものの新たに出た枝の方によく実が付くことがわかりました。これらは市長の命を受け、開基100年の事業として植えたものです。植苗の社会福祉施設「緑星の里」の用地内で昭和48～49年に実施されました。大掛かりな移植計画でしたので、山陽国策パルプや埠頭用地からも掘り取りさせてもらいました。昭和48年＝2,100本、115万円、昭和49年＝3,057本、201万円と記録されています。

●「ハスカップ園」について

このような取り組みによって、市では昭和52～60年まで36,180本を6.2ヘクタールの市有林や公園緑地に移植しました。先の移植方法の検討によって、現地で剪定して株にし、根っこだけ持ってきました。その方が新梢が伸びるし活着もいいのです。１年で萌芽して翌年には実がつく。肥料を入れると雑草が増える。その経験をもとにして、高丘のハスカップ園は畑の管理をせず、原野のような管理をすることにしました。掘り取った株にはホザキシモツケもくっついてきたので取り除くのに苦労しました。

シカの食害はここ10年くらいの特徴です。山の管理は刈り払い機で一気に草を刈る。栽培地は農地と違ってやり方も大雑把で、間違って刈ってしまったものもあるでしょう。

※高丘森林公園や緑地への移植は昭和52年〜60年まで続けられた。

● 当時のハスカップの印象など

わたしにとってのハスカップは、はっきり言って、食べてもうまくない。愛着もなかったです。きれいな花でもなく、さほど興味がありませんでしたが、役所にいたので仕方なく現場に行ったり、見たりしました。ただ、名前はいいなと思います。下宿のおばあさんは「ゆのみ」と言っていました。「ケヨノミ」がなまって「ユノミ」になったという説は門脇さんに聞きました。ほかにも「エノミタンネ」「ケヨノミ」などの呼び名もあったようです。

そのような訳でいろいろ調べましたが、まわりからは仕事をしていないように見られていたようです。移植した標本のデータも2、3年間分あります。実がとがっているもの、丸いもの、角ばったもの、形もいろいろです。

苫小牧興発㈱に、採取した実をハスカップジャムと交換してもらい秘書課にストックしておいて、関係者が東京出張の際には苫小牧産のお土産にしていました。結局、僕らの口には入ることはありませんでしたが、ちゃんと箱に入った立派なものでした。

●「苫小牧の木の花」認定以降の流れ

ハスカップは昭和61年に「苫小牧市の木の花」に認定されました。その機会にハスカップをあちこちに植えようという声があがりました。学校にも植えましたが20校かそれくらいだったと思います。街路樹には使ったことはありません。沼ノ端駅前の広場をハスカップの生垣に活用しましたが、これは徐々に枯れてしまいました。

ハスカップのいわれを書いた看板を付けていましたが、どうにも成績（生育）が悪かった。植えられるスペースには植えたのですが、苗は植木屋さんになく、山取りだけなので一般的ではありません。

一方、市の木の花の選考は、ハスカップはすんなり決まりました。市の花は、ハナショウブ、タルマエソウでもめました。各家庭で増やすのか、シンボルなのか。タルマエソウは高山植物で盗掘も懸念されることから選考では議論されました。結果、周辺地にも多くみられるノハナショウブを含めてハナショウブに決まりました。

● 苫小牧の自然保護活動の牽引者

当時の苫小牧で、このような自然保護の立役者は、当時の郷土文化研究会会長の門脇松次郎さんと、野鳥関係の紀藤義一さんでした。門脇さんは誰にも物怖じすることなく、正論を隠さずに堂々と発言されていました。自然保護の分野など、とても造詣が深く博学でした。自分で勉強したのではないかと思います。以前、味噌・醤油屋を営んでおられた自営業の方です。それと、医者の矢嶋潔先生もハクチョウ保護や自然保護、緑化活動等を熱心にやっておられました。

● 苫小牧の外へのハスカップの広がり

ハスカップに関しては苫小牧でもそうですが、千歳や恵庭、厚真、鵡川でも個人が古くから栽培していたようです。

苫東開発計画が進むと自生地がなくなったら大変と、ハスカップが見直されて、千歳ではキリンビールのバイオ技術で、厚真や鵡川では農業改良普及所や林業試験場等により増殖技術や栽培技術、品種改良が進められました。

苫小牧では昭和60年代に市農協が苫東用地内のハスカップ８～10万本を譲り受け、地元農家の黒畑さん、長峯さんなど６戸で本格栽培を始めたと聞いています。

以前に千歳の担当者に問い合わせたときに「苫小牧は商売仇ですから」

といわれたこともありました。

そのほか、林業試験場のある美唄でも栽培が行われています。

● その他（ハスカップの特徴など）

原野ではあまり根は張らず、根が浅い。浅ければ横に張るし、養分あればその場で深くなるようでした。火山灰、火山礫は通気性が良く、植物には生きやすいのでしょう。ただ火山灰土壌は養分がないから、栽培するとなれば人工的に肥料を入れなくてはいけません。密植栽培するとアブラムシがつくので、栽培農家は農薬を使ったりもしているようでした。

⑦ 奥津　義広さん

平成28年６月13日　北海道開発協会　開発ライブラリーにて

《プロフィール》

元北海道新聞記者で苫小牧支社勤務時代に、ハスカップに関するコラムを連載し、苫小牧郷土文化研究会まめほん編集部刊「ハスカップ物語」（昭和54年10月30日発行）の著者。昭和23年、静岡県生まれ。昭和47年北大理学部生物学科を卒業、同年北海道新聞社入社、昭和50年８月、同社苫小牧支社勤務、54年本社社会部勤務。

（以下は当日の話をまとめたものを加筆修正していただいたものです）

昭和50年、帯広から苫小牧に転勤になりました（転勤当時は苫小牧支局)。「ハスカップ物語」は、支社になったばかりのころ上司の部長に勧められ、苫小牧市内版に58回に渡って連載しました。ハスカップの存在は苫小牧に来て初めて知りました。

当時は支社の同僚たちと家族ぐるみの付き合いをしており、皆で一緒に初夏の一日をハスカップ摘みをして楽しんだこともあります。

その頃は、多くの苫小牧市民が勇払原野にハスカップ摘みに行っている印象でした。そんなこともあって次から次へと取材先が増え、ハスカップの新たな面を見つけては自身でも大いに楽しみながら執筆していました。

図書館にも資料集めに通い、大西陽一さん（「ハスカップサービス」大西育子さんのご主人）が資料探しにいろいろ協力してくれました。ハスカップは苫小牧ならではの郷土の味覚であり、ハスカップが生えている勇払原野の自然と相まって、市民にも親しまれ、苫小牧の文化といってもいいくらいの存在でした。

ハスカップの最初の実用栽培の成功例ともいえる千歳の「林東ハスカップ園」にも取材で行きました。野生のものと比べて木の背丈も果実も格段に大きいのに驚いた記憶があります。

ハスカップの増殖と栽培試験に取り組んでいた道立林業試験場（美唄）の中内武五郎さんにも話を伺いました。ハスカップ（ゆのみ）の菓子で知られる三星にハスカップの実用栽培を指導したのも中内さんでしたが、ご自身が苫小牧育ちで、戦前、実家が苫小牧駅前で土産物店を開き、隣にあったのが小林三星堂（三星の前身）というのも何かの縁を感じます。

苫小牧の後、10年ほどしてから十勝の池田支局に勤務したのですが、丸谷金保さんが町長のころ始めたワイン醸造・販売が最盛期を迎えていたころで、ヨーロッパのワイン地帯のようなワイン文化がいたるところに生まれ育ち、苫小牧のハスカップ文化とどこかでつながっているようにも感じました。

ハスカップの分布など科学的な面については、勇払原野の植物を研究していた苫小牧東高等学校教諭の中居正雄さんにうかがいました。ハスカップは苫小牧以外でも分布しているということでしたが、ハスカップ摘みが楽しめるほどの一大群生地を形成しているのは、日本では勇払原野しかない、ということでした。厳しい自然条件が逆に過酷な条件でも育つハスカップを残したと言えるのかも知れません。

ハスカップは苫小牧の素晴らしい思い出です。苫小牧に住んでいる、また、かつて住んだことのある人にとっても同じでしょう。ほかのどんな果実にもない、あのハスカップ独特の風味。勇払原野の自然を象徴するような野生の味は、菓子はもちろん、いろいろな食品加工分野においてもますます魅力的な素材になっていくのではないでしょうか。

「ハスカップ物語」を連載した当時は、ハスカップ群生地が工業開発でなくなる、失われていくという市民の思いもあって、ハスカップ人気が盛り上がったのかもしれません。

連載の最後にこんな趣旨のことを書きました。「野生のハスカップは苫小牧とその周辺に住む人が自然から受ける大きな恩恵と言える。強い郷愁を覚えるふるさとの味でもある。市民の英知を集めてその保護に取り組んでほしい」。この思いは今も変わりません。

⑧ 浅井 正敬さん

平成25年８月20日　火曜日　14:00から16:40　浅井正敬氏宅（札幌市）にて
聞き手：草苅健

《プロフィール》
元苫小牧東部開発㈱専務・事業本部長
元苫小牧興発㈱代表取締役社長
（地域資源「ハスカップ」のブランド化についてヒアリング）

● 浅井さんは旧苫東会社の専務の立場で苫小牧事業本部長として、いち早く植樹祭でハスカップの移植を継続的に手掛けられ、市民や道民、企業等への分譲も指揮されました。そのあと苫小牧興発㈱で地域特産としてのハスカップ事業を展開されました。そのきっかけについて聞かせてください。

思い起こしてみると、ハスカップというのは釧路や白糠あたりにもあると言いますがものが違うようです。勇払原野のこのあたりのもので、どこにでもあるものではなく、いわゆるハスカップは勇払原野の特産だと思います。特に苫東よりも苫小牧西港の工業地帯（現苫）の方が多いと言われていました。それに市民が特別な関心を持っているといわれていました。それではというので、苫東の緑化にハスカップを使うことを考えたのです。

しかし、緑化というのはお金がかかります。ハスカップには木材としての価値はありませんが、苫東では潮風や霧で木がなかなか育たないし、酸性土壌で生育は悪いですが、ハスカップはそこにちゃんと生育している。だからハスカップをなんとか使おうと考えたものです。また、昭和40年代は高度経済成長期で四日市など国内の工業地帯で公害が発生しました。

万が一、そんな大気汚染があっても自生する植物で緑化し大気浄化を、と考えたわけです。

あわせて研究も開始しました。ハスカップを挿し木などで増殖し、栄養食品、薬品、アルコール原料として使えるような果実に育て経済的価値を生むようにすることが目的でした。まず、ジャムそしてワインです。そのために育てることと利用促進です。経済的価値をつければ栽培や事業を始める人もでるでしょう。研究と経済的価値の発掘、それが苫東会社の仕事でした。そうしないと現苫（苫小牧西港地帯）のように、ハスカップはなくなってしまう。スピードアップのためにその1/2の経費を苫小牧興発がカバーしたわけです。どうしたら苫東に残すことができるのか、という意味合いで王子の栗山林木育種研究所（当時）に研究を頼みました。

一方、ハスカップの経済的価値を上げるためにワインづくりに着手しました。北海道ワインの嶋村社長のところに、フランスへ帰る直前の醸造家がいたので彼をつなぎ止めて作ってもらったのが苫小牧興発の「勇払ワイン」ですが、あまり話題にならなかったようです。

ハスカップというものは、苫小牧や厚真の地元が誇りにしていたから、特産品に活用しようと思ったのです。今でいえば地域ブランドというやつです。その益を苫東会社に利用してもらうのがねらいでした。研究の一環でジャムづくりを始めて、天使大学の栄養の先生に２年間協力してもらったこともありましたが、特別なものにはなりませんでした。いずれにしろ、この取り組みは、守っていく手段として経済的利用を進め、原生地も保全するというものでした。

ハスカップは人間の手が加わっても変わります。空知のハスカップなどは、原野のものとは違うものになっています。品種改良で農業的に育成している典型はイチゴですが、ハスカップもいずれそのようになっていくのか、原野の味を残すのか、人々の好みによって選択肢が出てくると思います。

● 事業の採算はどうだったのでしょうか？

苫小牧興発の本来業務は苫東会社における関連事業だったから、その利益を苫東に還元していました。ハスカップワインなどはただで譲渡し苫東の営業のために使われていました。当時の興発は建設工事の免許まで取って業務展開していました。稼ぐところはいろいろなことをして稼ぎました。

ジャムは明治生命の100周年記念だったかに数千個買ってもらった程度で、苫東の営業マンの企業誘致の際などに手土産に使ってもらいました。代金はもらいませんでした。

● 事業を実施しながらわかってきたことはどんなことでしょうか？

土地が買収される前、柏原の農家が空知の農家にハスカップを売っていたらしいのですが、そのハスカップは栽培されたもので、もともとの勇払原野のものとは一寸違う。勇払原野の本来の味が出ないのです。

王子の研究所では、ハスカップはかんかん照りよりも薄日がいいと言っていました。土は酸性。自然環境が異なると自ずとハスカップの性質も変わってくる。ハスカップというものは土壌と日照という主要な環境が変化すれば味や形態が変わっていくのではないかと思います。三沢久男君が一生懸命にやってくれましたが、そのために試験栽培する必要もあって、厚真町共和の家庭菜園のそばの畑で、そのような調査を始めたのですが中途で終わってしまった。試験栽培や工業用地のハスカップは苫東が開発されればいずれなくなっていくものであり、環境が変われば変わってもいく。それが自然だと思います。

● 開発と会社運営の根幹の考え方はいかがだったでしょうか？

会社だから儲けなければいけない。そういう考え方はわたしのオリジナルではなくて、初代社長の進藤孝二社長のものでした。

わたしはハスカップも含め関連事業をやらねばならないと考えていました。めざしたのは「公益的な商人」です。でも苫東会社の当時の役員はみんなサラリーマンでした。苫小牧興発についても自分はオーナーでないから口は出さなかったが、後継の社長はハスカップをやめました。有効に活用しようという商売の気持ちを持っていたのはH君くらいのものだった。

開発には商業的な意味を持たないと良い開発ができない。埠頭経営にも積極的に取り組みました。わたしひとりは「埠頭は将来のために売るべきでない」と埠頭の売却に反対して今につながったわけです。

旧会社では当時わたしは一番年上でした。立つところをわきまえて公共的な会社であるべきだと思っていました。道庁で土地を買うために血の出るような思いをして闘ってきたから、思い入れが深かったのだろうと思います。営利性と公共性の両立。公共性一辺倒でも困る。当時を振り返ると、営業的な役員はひとりもいなかったと思います。

苫東開発の初期段階で環境問題と漁業補償がなければ、高度成長の波に間に合って乗れたと思います。旭化成の社長は明日でも立地する勢いでした。それが6、7年は停滞してしまって、その間に金利もかさんだのです。

● 浅井さんの仕事の哲学を簡単に聞かせてください。

ここでの自分の職務はいったいなんだろうという発想にたって仕事をしてきました。道庁をやめてから来ていたので、今とは立場もちょっと違いますが、雇われマダムではなくて創造しなくては、と考えています。

追記：浅井正敬氏は平成26年３月、ご逝去されました。謹んでご冥福をお祈りいたします。

⑨ 木滑（きなめり） 康雄（やすお）さん

平成28年3月3日　千歳市オフィスアルカディアの事務所にて
聞き手：小玉愛子、菊地綾子、草苅健

《プロフィール》
聞き取り時　78歳
元JA千歳市農協の生産部長兼総務部長（昭和40年代当時）
千歳出身で、先祖は新潟から千歳へ。平成10年に退職。

● 千歳での栽培のきっかけについて

千歳では、昭和40年代中頃に米の生産調整のためにハスカップの栽培を始めました。

①転換作物を何にするのか、②高齢者や婦女子の生きがい対策のための働く場所の確保、③千歳は「何もない街」というイメージの払しょくする、などの理由から、ハスカップに着目しました。

中内武五郎さんに栽培の指導や助言などを受けました。同氏は美唄市光珠内の道立林業試験場の研究者で、奥様の実家（苫小牧駅前三星の近く）である苫小牧がハスカップの産地ということで、ハスカップと縁があってハスカップの栽培や育種を始められたようです。千歳では、PR用にJA女性部を中心に踊りのための「ハスカップ音頭」をつくって、10年くらい盆踊りや諸会合で踊ったり唄ったりしていましたが、これも中内先生に作詞作曲をしていただきました。

そのころ苫小牧の三星の小林社長にも声をかけたところ、けんもほろろだったことに触発されて、千歳市を「ハスカップの里」にしようということで頑張ってきました。お菓子の会社「もりもと」は、先代の社長の森本吉勝さんが「いっしょにやろう」と話にのってくれました。千歳市の富田元農政課長も、千歳市を通じて第七師団と相談し、ハスカップ樹木を集めることができました。

そのころ、中国吉林省東北師範大学を経由して、同大の学生を使ってハスカップを収穫し輸入しましたけれども、品種が違ったようで継続輸入には至りませんでした。

● 千歳のハスカップ自生地と採集していたエリアについて

千歳でハスカップが自生しているのは、自衛隊の演習基地、千歳空港の元滑走路のあたり、南千歳駅の空港側苫小牧よりの場所などです。昔は灌木の林やまわりの木と一緒に「どんぐりの背比べ」状態で、うまく共存していました。当時はまだシラカバは生えていませんでした。

土壌は火山灰土壌で、苫小牧の勇払原野のように泥炭の湿原地帯ではなかった。自生地の条件は苫小牧とはそこが違うようです。長都沼周辺や祝梅で採られていたのを記憶しています。

● 戦後開拓の思い出について

千歳の農地は火山灰の層が厚く、小豆が１反で普通収穫量が５～６俵採れるのに千歳のハスカップ自生地周辺では１俵しか採れませんでした。地域の入植者は長野や京都から入植していました。駒里の既存の農家や養鶏場のあたりは、生産性は低位で苦労も多く大変なところでした。乳牛を導入し反転客土し、大型ブルドーザーの土地改良を行いました。

苫小牧市民のハスカップ果実の利用は、気候や土壌が悪く果物が手に入りにくかったことが背景にあると言われるようですが、千歳も同様でした。気象条件は悪く作物は限られており、積算温度も低く日照量も少ない状態で、酪農を行ったり、鶏を飼ったり有畜農業が中心でした。

ハスカップの食べ方は、普通は塩漬けにして、おにぎりや弁当のおかずにしておりました。

● ハスカップの食品加工について

ハスカップに携わっていた当時、わたしはJA千歳の生産部長兼総務部長でした。ホクレン食品課に事務局をお願いして、昭和50年後半ころに「北海道ハスカップ協会」を設立し、全道のJAに呼び掛けてそこでハスカップの生産振興と流通に奔走しました。

三星の「よいとまけ」は、日本一特色のあるお菓子です。「もりもと」はそれよりももっと手軽に、おしゃれに食べられるハスカップのお菓子として、『ハスカップジュエリー』『雪鶴』を作り始めました。JAが開発した商品も使用するハスカップジャムにしても、果実の使用量はそれほど多くなく生産と商品は限られており、果実の在庫が増すばかりでした。

山梨のワイナリーで、ハスカップワインをつくり成功しました。そこで農協は醸造所を誘致しました。ただ、ワイナリーなどをつくっても、果実の価格が高価で企業が手を出せるほどの利益は出ません。希少性を売りにしなければいけないと感じました。

機能性（薬）として、ハスカップの商品開発に加えて、北海道立工業試験場（北海道食品加工研究センター）の田中常雄氏が手がけていたアロニアにも注目しました。生産コストはハスカップの1/3です。

ハスカップの栽培と流通には波があります。昭和50年頃、ハスカップの実が高価で買い手がつかず農協の在庫が20トンとなったことがあります。また、千歳のキリンに依頼していたハスカップの組織培養の苗生産は一定の成果を得ましたが、今ではキリンさんも手を引きました。ハスカップ生産は結果を出すのに10年はかかります。自然の状態でも実はなりますが、徹底的に育種の斉一化と栽培方法を統一し、生産環境の改善調整に苦労をいたしました。

● 苗の選抜と提供について

ハスカップを「葉の大きさ、実の大きさ」をもとに優良株を選抜しました。それぞれ「千歳○号」と名付け系統別に分けました。選抜した株は、昭和50年代後半頃から全道の二十数カ所の農協において栽培されることになりました。

育成にかかったコストを考えると、二束三文でペイしない程度の額ですが、厚真、美唄、美瑛にも良い栽培技術者がおり広く定着をいたしました。釧路、オホーツクにも広がり、すべて農協ベースでの提供でした。

● その他

千歳は転勤族の町で、1年で6～7千人が入れ替わり、何か印象に残るものとしてハスカップの価値を広める絶好の機会にしたいと思っていました。そんななかでも昔は「ハスカップはおいしい」という話も徐々に広がっていました。

美唄は、農協と砂川の「ホリ製菓」が提携して、産地として安定的に伸び、作付面積を広げました。千歳の生産量は年30～40トンありましたが、今は半分（ハスカップの値下がりで、やめた方がいた）です。厚真も水田プラスの収入源として、メインの栽培作物と合わせてハスカップを栽培しています。

恵庭は、シルバー人材センターが苗木を植えて、自主財源として栽培を行っています。千歳では、佐々木昭さんが指導者でした。農協を退職後、国営パイロットの根志越に土地を借りて、ハスカップ農園を始めました。現在の「佐々木つみとり農園」ですが、主人が亡くなってから、奥様が農園を引き継ぎ立派に栽培しております。林東公園の芳賀さんもハスカップ園をしていました。林東公園でも自由に取らせていました。

今、千歳では、アロニアに力を入れています。ハスカップは1年に2キログラム/本ですがアロニアは、10キログラム/本です。根つきも簡単ですぐ収穫できます。あのヤクルトは輸入物を添加して商品づくりをしているほか、カゴメもアロニアに力を入れています。

「もりもと」も、自社の委託農園でハスカップを栽培しています。市のみやげものとしては定着しており、企業側は年間50～60トンを求めますが、量が達しません。ハスカップは、いわゆる「流通ライン」にのせるような作物としては弱く、高齢者や障がい者の方の「農福連携」か、いわゆる希少性をベースに高付加価値や機能性を遡及した作物ではないかと思っています。

⑩ 三星の山口晃元工場長

平成27年12月23日　13:00〜　苫小牧市美術博物館
聞き手：小玉愛子、山本融定、草苅健

● 往時のハスカップの思い出をお聞かせ下さい。

わたしが千歳の「もりもと」にいた昭和29年、30年ごろは「もりもと」の社内でハスカップの話は全く聞かなかったんです。ただ中学生のころ、そんなに子供の遊びがあったわけでもないので、住んでいた蘭越から今のレラあたりにガンガン（粉ミルク缶くらい）を持って採りに行った思い出があります。道々よく食べたので帰るころにはいくらも残ってはいなかったものでした。そのころはあくまで子供の遊びのようなもので、私の周りでは大人が採りに行く話は知りませんでした。もちろん、売ったりした話はなかったですね。

ハスカップを三星が買い取りをしていることを知ったのは、昭和36年、わたしが「もりもと」をやめ三星に入社してからでした。千歳でハスカップ採りをしていたのはレラから東千歳にかけてで、低い木々の中にあって、野生ではそんなに大きくはなかったから１本でせいぜい100グラムくらいしか採れなかったと思います。やはり買い取りは勇払原野がメインでした。

● 「よいとまけ」はどのようにして作られたのですか。

三星が「よいとまけ」を発売したのは昭和28年でした。当時は冷凍技術がなかったからハスカップはジャムにするしかなく、かといってペクチンがなかったからドロッとならなかった。また、通年で供給されるものでないから当然ながら季節限定のものでした。一方、カステラを一つずつ手焼きしていました。昭和48年から50年のころ、もっと効率よく作りたいという取り組みから「運行窯」というベルト状の焼き機を取り入れ、これに自動カットできる装置を導入しました。これを週に何回か動かしました。

実際はハスカップが品薄で続かなかったのです。そこで冷凍して通年販売にしたのが昭和44年か45年でした。当時、職員がハスカップ採取の原野に台秤（だいばかり）を持参して、テントを張って買い取りをしていました。原野ものは45年～50年で１キログラムあたり1,200円程度でした。当時のエピソードとして、苫小牧の木材業者がソ連の木材の代金として現金をもらえなかったために極東のコケモモを押し付けられたという話がありました。そのうちの一斗缶一つを三星に持ち込まれたことがありましたが、汁がでて葉っぱやごみが多く論外でした。

● 原料のハスカップはどのように調達されたのですか。

大まかにいえば昭和44、45年ごろが、原野ものと栽培ものの境界だったでしょう。勇払原野のハスカップ自生地が狭められ、原野採りがなくなってきたからです。一方、三星は40年ころからハスカップの移植を始めました。美唄の林業試験場の中内先生の取り持ちで美唄のコメ農家２軒を紹介してもらい、三星から苗木を３万本提供しました。当時は減反補償の施策とも重なっていましたが、農家からは軌道に乗るまでの営農補償のようなものも要求されました。３、４年後、順調に生育し行ける、ということになったのですが、ふたりの農家が、ハスカップ栽培を自慢して広げ、まず千歳に広がっていきました。最初の苗木は種からだった。これがやがて一方の農家の株から挿し木になりました。年間40～50トンを生産し、今もその程度が必要な状況です。現在では美唄は最大で30～40トン生産しています。三星に関していえば当時美唄からが100％で、現在は20～30トンが美唄から三星に供給されています。砂川に本社があるホリ製菓もハスカップのお菓子に参入しています。

ハスカップは原野採りの場合、一時期キログラム3,000円もしたことがあります。ですが１日とっても２～３キログラム程度だったのではないかと思います。栽培でも実の選別が面倒でした。美唄から買ったハスカップ40トンは「一粒選（よ）り」の人海戦術の賜物でした。ハスカップ農園で採る人の日当は当時8,000円でした。

●寄稿

30余年前の勇払原野のハスカップ

船木　ひろ
（平成25年・江別市在住）

昨年（平成24年）、今年と苫東環境コモンズのハスカップ摘みに楽しく参加させていただき、ありがとうございました。そして沢山の収穫、ジャム、ハスカップ酒、さらに草苅さんに教えていただいた、初めてのハスカップの塩漬けもおいしくできあがって、我が家の保存食用の棚は質、量ともに非常に豊かになっています。

昨年はじめて参加したときには、昔の経験から、原野のなかを一生懸命にハスカップの株を探しながら実を集めるものと思っていましたので、張り切って車から降りた目の前に、一面の手入れされたハスカップ畑が拡がっていたのにはびっくり仰天しました。

実は、今から30余年前、大麻の自宅近くに苫小牧から引っ越してこられたＳさんから、勇払原野にハスカップという大変おいしい木の実が沢山あって、これをジャムにしたり、焼酎につけてお酒を造るとたいへん美味しいという話を初めて聞かされました。当時からタランボ、わらび、笹の子などの山菜を採るのが大好きで、春になるのを待ちかねて、同好の仲間と連れだって近郊の山野に出かけて山菜摘みをしていたわたしは、この話に即反応し、連れて行ってもらうことにしました。

運転手はわたし、山菜摘み仲間５人で、子供たちが学校に行っている間に往復するという計画をたて、Ｓさんの案内で大麻から苫小牧勇払原野まで出かけました。当時は今のように高速道路などない時代、国道を大きなトラックの間に挟まれ、怖い思いをしながら、一時間半ほどかかって目的の勇払原野の一角に到着しました。

今思うと、そこは原野のどの辺だったのでしょうか、着いた場所は家も畑もない本当の茫々とした原野でした。近くに宇部セメントの大きな工場が見えたのを覚えております。その外にもいくつかの工場のような建物が見えるだけで、そこには潅木がまばらに生えている広大な自然のままの原野が広がっておりました。

この潅木の茂みにまぎれてハスカップの木があちこちと生えており、その木には小さい紫色の実がたくさんなっています。熟したやわらかい実を摘んで口に含むと、甘酸っぱい味が口いっぱいに広がりました。なるほど美味しい実でした。時間が余りありません。あちこち歩き回って、ハスカップの株をさがしながら一生懸命実を集めました。あたりにはハスカップ摘みに来ている人も殆んどいなかったように思います。原野には青空の下、さわやかな風のそよぎがあり、あちこちで鳥のさえずりが聞こえました。わたしたちは本当に自然と一体になって至福の時間を過ごすことができたのです。

この時はどれくらいの量のハスカップの実が取れたものか、あまり記憶は定かではありませんが、それでもジャムや焼酎漬けの瓶のいくつかを作ることができるほどの収穫はあったように思います。

この楽しみと実益にすっかり味を占め、その後は時期になると何回か勇払の原野に足を運び、ハスカップの実を集め、ジャムや焼酎漬けを作るようになっていました。そのうちに慣れてくると、子供を連れ一家を挙げて出かけたり、隣近所の方を誘ったり、当時はわれわれも若かったので、あまり苦にせず車を駆って出かけていました。勇払の原野は子供たちにとっても初めてで、そして楽しいことが色々経験できる遊び場でもありました。子供たちはハスカップ摘みにすぐに飽きてしまいましたが、すぐに新しい遊びを探し出してきます。海岸に近い原野は砂地の場所が多く、潅木の間の砂地がそのまま出ているところには、良く見るとアリジゴクのすり鉢型の穴があちこちにあって、子供たちはその穴に蟻を落としこんで、穴の底からアリジゴクが砂を飛ばして蟻を捕まえるのを驚きをもって眺めたりしていました。

今の環境コモンズのハスカップ狩りでは、以前とは大違いで、あまり動かずとも目の前にたくさんある実を摘んでいけます。年をとったわたしたちにはピッタリですが、大切なコモンズの仕事を何もしないで、最後の収穫の利だけをいただき、あげくの果てには帰りは草苅さんに車で南千歳までお送りしていただいたりして、本当に心苦しく思っております。皆様にも迷惑を掛け、胸が痛みますが、自然のなかで過ごすこの楽しみは、あまり出歩くことがなくなった老人の得がたいリクリエーションです。そして今、地下室にはガラス瓶のハスカップ酒が、冬の夜の夫の寝酒にと熟成がすすんでいます。

ハスカップとハチとジャム

中津　正志
（平成27年12月・苫小牧市在住）

ハスカップは「ゆのみ」とも言われ苫小牧の人は勿論、多くの人に親しまれています。どちらもアイヌ語をその語源としており、昔からアイヌの方たちが「不老長寿の実」として珍重してきました。ハスカップの実には老化防止作用があるアントシアニンをはじめ体に良い成分が多く含まれており今注目の果実です。私はハスカップのあの甘ずっぱい独特な風味が好きで、美味しく食べられれば皆体に良いので実の栄養にはあまり興味がありません。

私とハスカップのかかわりは、家を新築し、その頃は珍しくなかった野生のハスカップを庭に移植した時から始まります。毎年美味しい実をつけてくれるので楽しみでした。沢山の量は採れないので砂糖をまぶしておやつ代わりに楽しむ程度でした。ところが狭い庭のため年数が経つにつれて窮屈になり、仕方なく手放して勤め先の広い土地の一角に移植しました。しかし、色々な食べ方を知るにつれ、ハスカップがなくなったこととあいまって、あの甘酸っぱい味が何とも恋しくなりました。そんな時、NPO苫東環境コモンズで会員として活動すればハスカップを取るチャンスがあることを知り、早速入会しました。NPOでは年１回、全国植樹祭の会場になった㈱苫東の管理地内のハスカップ林での採取会があります。管理会社のハスカップ狩のイベント後、取り残しのハスカップを、許可をもらって採取しています。木の本数が多いので取り残しや、イベント後に実ったものが結構あります。こう書くと簡単に取れると思うかもしれません。ところが隠れた苦労があります。

まず実が小さいのでなかなか沢山の量にはなりません。希望する量を取るには半日立ちっ放しです。しかも、熟した実は少し触っただけでポロッと手のひらからこぼれ落ちてしまいます。落ちた実を拾いたいのですがそのたびに拾ったのでは仕事になりません。熟した実は拾い方が悪いと直ぐつぶれます。そこで簡単でしかも効率の良い採り方を考えました。大きな手提げ袋、ザル、白い軍手を用意します。軍手はあらかじめ指の第２関節から先を切り落して指が出るようにしておき、ザルは直径20センチメートル、深さ４センチメートルの少し平たい（これがミソ）ものにする。採る時は左手でザルを枝の下に差し入れ、右手でハスカップの実を軽く下からなでる。青い実は落ちず目的とする熟したものだけ小気味良く採れます。ザル底は浅いので混んだ枝の間にも簡単に差し込めます。ザルの中にはクモ、カメムシ、アリ、小さな青虫、枯れた葉などが入り込みやすい。取り除くのはこれまた大変な作業です。そこで採る時の「なでる」手つきが大事になる訳です。特製の軍手は指先を微妙にコントロールできるので不要なものが入らず能率良く採ることが出来ます。適当な量になったら手提げ袋にあけます。

簡単に見えますが、自然はそう甘くはありません。特に勇払原野ではクマをはじめとして、ハチ、ドクガ、ドクグモ、ヘビ、マダニ、ヤブ蚊などの敵がいます。今年はハチに２度も遭遇しました。実は、私は中学２年の時スズメバチの巣からハチを採集しようとして強烈な一刺しを受けたことがあります。２度目は命にかかわるので山へ入る時は注意をしています。

今回採取していた時、珍しく実が鈴なりになった木を見つけました。喜び勇んで取っていると、目の前を小さなハチが横切りました。見ると横切ったすぐ先にハチの巣があるではありませんか。あわてて、しかしソッと退散しました。この時のハチは巣の形からクロスズメバチだったようです。

さらにその後、別の所で採取中にまたなにやら足元でブーンという独特の低いけれど強い羽音がしました。私のまわりを1匹の大きなハチが飛んでいます。黄色と黒の縞模様、紛れもないあのスズメバチです。先ほどのクロスズメバチとは大きさが違います。オオスズメバチと思われます。真っ青になりました。落ち着け、こういうときはハチを興奮させないことだ。動かないでジッとしていればどこかに飛んで行くはず。ところがいくら待ってもぐるぐる私のまわりを回って今にも刺すぞと言う気配、考えるに巣がこの近くにあるに違いない。そこでそのままソロリソロリと後戻りをしました。しかし、一向にハチはあきらめてくれない。10メートルは後ずさりしたでしょうか。その時間の長かったこと。やっとハチがどこかへ行き開放されました。思うに山の神が守ってくれたのでしょうか。

採ったハスカップは、砂糖をかけての生食は勿論、塩漬にしておにぎりやお茶漬にしても食べます。しかし何といっても一番はジャムです。私のジャム作りは、ハスカップ、グラニュー糖、レモンを使うだけで、蜂蜜や水あめは入れません。とろみをつけるペクチンなども入れません。素材の風味を生かすためと、その年の出来栄えのバラツキがまた一興だからです。量にもよりますが2時間近く煮詰めたジャムを沸騰消毒した小瓶に小分けして入れ、冷蔵庫に保管すると相当長持ちします。ですが大抵アッと言う間になくなります。ハスカップの実は小さく、出来上がったジャムはそう多くなりません。加えて上げたい人は沢山おります。しかし、上げた人の嬉しそうな顔、食べている姿を想像することはこれも楽しいハスカップの効用です。

ハスカップの成育環境は日増しに悪化しています。環境を壊さずにハスカップと共生する道はないものでしょうか。昔の人が「不老長寿の実」と言い珍重してきたのは、本当に神がアイヌの人に贈ってくれたのだと思いたくなります。勇払原野に自生するハスカップは貴重な日本の宝です。自然を壊さずに大切に守り、そのおこぼれをチョットだけいただくなら許されるのではと思います。ハスカップジャムをつけたパンをほおばり、山の神に感謝しながらそんなことを考えていました。

ハスカップの文献調査を終えて

関口麻奈美
（平成28年４月・札幌市在住）

コモンプール資源「ハスカップ」情報の収集

（一財）北海道開発協会では、平成20年度から「コモンズ」をテーマに、環境コモンズ研究会を立ち上げて調査研究活動を行っています。縁があって、微力ながら私もその調査研究をお手伝いしています。

平成27年度は北海道開発協会の調査研究の枠組みを生かしながら、NPO法人苫東環境コモンズと苫小牧市美術博物館が連携し、「ハスカップ」をテーマに新たな調査研究を行いました。NPOでは、以前からハスカップをコモンプール資源と位置付けて、苫小牧東部工業地帯（苫東）の敷地内にあるハスカップの群生地の分布や枯れてしまったハスカップの位置、ハンノキ、ミズナラなどの位置を確認し、勇払原野のハスカップ群生地の状況を客観的に把握する資料づくりを進めていました。これに加えて、連携事業の調査研究では、ハスカップの思い出などを市民から聞き取り、地域の中に息づく文化や歴史をハスカップから探っていこうというものです。

この延長線上で、北海道開発協会の調査研究として「ハスカップの開発と歴史」と題した調査を行いました。これは地域においてハスカップがどのように情報発信されてきたのか、特に「開発」というキーワードとハスカップを対比させ、新聞報道や書籍などで、どのような形で発信されてきたのかという視点から、ハスカップに関連する文献や新聞記事などの収集を行うというものでした。この収集に当たっては、苫小牧市立中央図書館、北海道立図書館、札幌市中央図書館などの蔵書を当たったほか、国立国会図書館の蔵書検索も試みました。北海道新聞は昭和63年７月１日以降の記事がデータベース化されているため、北海道新聞については、詳しい記事の検索も行いました。そこでは「ハスカップ」を主軸のキーワードにし、苫小牧におけるハスカップと開発、地域に果たす役割、市民の視点なども考慮しながら、関連すると思われる論文や書籍、新聞記事などを収集していきました。

その結果、北海道新聞の記事の場合では、「ハスカップ」と「苫小牧」でクロス検索をかけると1,400件ほどの記事がヒットしました。すべての見出しを確認し、今回のテーマに沿っていると思われる記事をピックアップしたところ、55件ほどに絞られました。中でも当時のハスカップへの愛着が伝わる記事が、昭和53年から60回近くにわたって連載された『ハスカップ物語』です。当時の北海道新聞の記者（注：前述の奥津氏）がその名の由来、栄養、ジュースやジャム、ハスカップ酒、塩づけの作り方などを紹介しているほか、ハスカップ摘みをする人たちのことを「ガンガン部隊」（リュックサックの中に一斗缶を入れて、手に小さな缶を掲げて出かけることから）と呼ぶようになったことなど、いろいろなエピソードが詰まっています。

苫小牧市立中央図書館にはハスカップコーナーがあります。地域を代表する植物として根付いていることが実感され、ハスカップを通じて郷土の植物や文化を伝承していこうという貴重な一画です。ここには当時の苫小牧市行政資料室が独自に新聞記事などを切り抜いて複写し、製本した資料が開架されています。前述の北海道新聞の『ハスカップ物語』も収納されており、地域の重要な資源としてハスカップをとらえていたことがわかります。

一方、地元紙の苫小牧民報はキーワードで検索できるデータベースがなかったため、焦点を絞り、“苫小牧〜その未来”をテーマに同社が主催した「ハスカップシンポジウム」が開催された昭和56年の記事を閲覧し、今回のテーマに沿ったと思われる記事や、「ハスカップ」の文字が見出しに組み込まれている記事などをピックアップしました。この年は苫東への国家石油備蓄基地の立地決定、いすゞ自動車進出などの動きがありました。

中でもいすゞ自動車北海道工場の敷地は、ハスカップの最大群生地の近くであったことから、大規模なハスカップの移植が行われ、苫東内の緑地や市内の小学校などにも移植されるなど、ハスカップへの関心が高まった年といえます。さらに、この年には「ハスカップ生産振興会」が発足しています。新聞記事によると、同会は「新しい都市型農協の目玉として勇払原野特産のハスカップを農作物として栽培生産しよう」と同年５月に設立され、苫東の企業立地予定地のハスカップの親木が無償で譲渡されています。

ハスカップ栽培はその前年から苫小牧市農協によって積極的に取り組まれてきたようですが、自生ハスカップの親木を確保するために頭を悩ませてきたそうです。しかし、苫東へのいすゞ自動車進出が決定し、その敷地予定地のハスカップが無償譲渡されることになり、苫東会社の好意で同会が優先的に親木の採取をすることができたと記されています。このように地域を支える産業間の連携は、この地域の誇れる歴史のひと幕のように感じます。

また、国立国会図書館の蔵書については「ハスカップ」と「開発」の二つのキーワードで検索をしましたが、今回のテーマに合うものは環境コモンズ研究会で開催していたコモンズフォーラムの記事のみという状況でした。「ハスカップ」単独での検索も、果実の特徴などを紹介したものや栽培法、栄養的な機能をまとめている文献が中心で、地域の歴史に着目したものはほとんど見当たりませんでした。

道立図書館でも「ハスカップ」と「開発」をクロスしたキーワードではヒット数が少なかったため、「ハスカップ」のみでの検索を中心に情報を収集しました。道立図書館には、苫小牧銘菓の「よいとまけ」を製造販売している三星のパンフレットも収蔵されていました。また、北海道胆振支庁産業振興部農務課（当時）が、平成20年に発行した社会科・総合的な学習の時間の資料としてまとめた「ハスカップのおはなし」や、北海道胆振振興局農務課のHP「ハスカップの歴史」などの情報も収録されており、ハスカップが地域に根付いている資源であることを伺がわせています。

全体を通じて感じたことは、「ハスカップ」と「開発」（ここでいう「開発」とは、主に苫東開発との関連性で見たもの）という視点での研究や情報発信はあまりなかったということです。企業立地に伴って、その敷地に自生しているハスカップの譲渡や移植などを行ってきた歴史や経過、また、それが現在にどのようにつながっているのかということをしっかりと次代に引き継いでいくことは大切だと思います。

一方で、ハスカップは苫小牧のシンボルであり、アイデンティティとして根付いていることを感じました。しかし、ハスカップは厚真町、千歳市などに加えて、美唄市、清水町などでも栽培されるようになり、苫小牧市の存在感が少し薄くなってきているように感じます。文献を調査していても、美唄市のハスカップ栽培の歴史や、厚真町での最近の取り組みなどは多くの情報があり、発信力もあるように感じました。

このような中でハスカップを郷土文化の一つとしてとらえ、NPO法人苫東環境コモンズが苫小牧市美術博物館と連携した調査研究活動は、次世代にハスカップをつないでいく大きな役割があると感じます。また、苫小牧市におけるコモンプール資源としての「ハスカップ」だけでなく、多様な意味での付加価値を高めていく上では「ハスカップ」そのものを広く認知させていくことも重要な気がしています。その点では厚真、千歳、美唄など幅広く栽培を手掛けている地域と連携も図りながら、広く情報発信し、自生地、多彩な品種、加工、生産地拡大研究など、各地の差別化を意識した取り組みが必要だと感じます。

「ハスカップとわたし」～ハスカップの思い出

私には「ハスカップ」に関連して、学生時代の思い出があります。最後にその思い出を記しておきたいと思います。

道北出身の私が初めてハスカップを知ったのは、短大１年生のときでした。当時、札幌駅地下に「札幌ステーションデパート」という商業施設があり、飲食店や土産物店、書店や衣料品店などが軒を連ねていました。私は、その中のある土産品店でアルバイトをしていて、そこで出合ったのが三星の「よいとまけ」でした。

「よいとまけ」を売るときの接客サービスの決め台詞が、「苫小牧でしか採れないハスカップのジャムを使ったロールケーキ」という言葉でした。北海道の代表的な銘菓「白い恋人」は試食することができましたが、当時その店では「よいとまけ」の試食はメーカーから提供されていませんでした。そこで、希少性を強調して「どんなものか食べてみたい」と思わせようという狙いでした。案の定、そう聞くと買ってくれたお客さんは少なくありませんでした。また、売り文句が決まっているので、悩んだお客さんには積極的に「よいとまけ」を薦めていました。ところが、その後、美唄市に出向いた際に、美唄産のハスカップの存在を知りました。「学生時代のときは採れるのは苫小牧だけと聞いていたのに…」と希少性が薄れた気がしたものです。

三星のホームページには、美唄市でハスカップが生産されるようになった経緯が紹介されています。

「昭和50年頃、北海道美唄市茶志内町の道立農業試験場の協力を受け、北海道穂別町森林組合の山林を使い、勇払原野のハスカップの良い実だけを選んで得た種から苗木作りにかかります。翌年美唄市の農家２軒とハスカップの栽培契約を結び、元気に育った苗木５万本と肥料を、無償で提供しました。それから収穫まで５年はかかります。

昭和57年、美唄市農協の内部で「ハスカップ生産組合」が設立され、個人契約から組合との契約となり、現在の安定供給への道筋が生まれました。地元の苫小牧ではなく、わざわざ遠い美唄市に栽培を委託することになったのは、当然理由があります。

私達にとっても自生地である勇払原野近郊の苫小牧市内で復活させることが理想でしたが、当時の苫小牧は広大な工業基地建設を進めており、農家は土地を売って離農する動きがあり、交渉は不調に終わりました。その一方美唄では、政府の減反政策により他の作物へ転作する農家が増え、ハスカップを受け入れる条件が苫小牧より整っていたと言えます。また、栽培方法が確立していないだけに、ハスカップの研究者が所属する美唄市の道立試験場の指導が不可欠で、それには同市内での栽培が自然の流れだったのです。

それからというもの、美唄市農協の熱心な取り組みのおかげで品種は改良され、バイオテクノロジーによって自生種よりはるかに大粒で、酸味や苦味が少なく甘味の強い、高品質なハスカップが生産されるようになりました。作付面積も順調に伸び、現在美唄市農協では年間30〜40トンの収穫があります。」(三星のホームページより引用)

最近は視機能改善や抗酸化作用など、ハスカップの健康効果に注目が集まり、ハスカップの加工商品用に原料を確保するのが大変だという話を聞いたことがありますが、美唄市での生産拡大がなければ、ハスカップの存在はもっとマイナーになっていたのかもしれなかったのだと感じました。最近はジュース、ジャム、スイーツなど多彩な商品にハスカップが使われています。自生地であるという希少性と、各地の生産地と連携して認知を高める取り組みのバランスを図りながら、ハスカップを次代に引き継いでいくことが大切ではないかと感じるようになりました。

北海道開発協会の研究会活動を始めてから、毎年ハスカップ摘みに出かけるようになっています。そのまま冷凍してヨーグルトに入れたり、スムージーとして飲用したり、ジャムに加工していますが、ハスカップ歴数年の私でも夏の風物詩になっているので、苫小牧市民の皆さんはもっとたくさんの思い出があると思います。その思い出を伝えることで、「ハスカップ」を軸にした地域のネットワークが広がっていくことを期待しています。それが新しいコモンズ＝地域の共有財産を生み出していく活力になるのではないでしょうか。

第４回環境コモンズフォーラムで基調提言をいただいた北海道大学大学院農学研究院の鈴木卓准教授によると、アイヌ語の呼び名からきている“haskap”は世界共通の果樹の名前として使われているそうです。また、アメリカの研究センターではハスカップが栽培されるなど、世界がハスカップに注目しているようです。ハスカップをキーワードに、苫小牧と勇払の魅力を世界に発信できる日もそう遠くはないのかもしれません。

ハスカップとわたし

北海道大学　北方生物圏フィールド科学センター　生物生産研究農場
星野洋一郎
（平成28年１月・札幌市在住）

ハスカップとの出会い

ハスカップとの最初の出会いは、平成10年の夏頃だったと思います。北海道大学に赴任した最初の年に、圃場を歩きながら生の果実を食べました。食べてみると、とても美味しい。次々に別の木についた果実を食べ比べると、いろいろな味がある。苦くて食べられないようなものもある。その多様な味に惹かれました。その時に味の感想をメモ書きしたノートを見てみると、『ブドウに似た味』、『すごく苦い』、『柑橘系』、『桑の実に似た味』などと書かれています。さまざまな味があり、美味しいものもあり、まずいものもある。そこが面白いと思いました。果実は比較的小さく、皮が破れやすいものは手が汚れて収穫も大変。研究テーマの広がりを感じました。また、ハスカップが北海道に自生しているということにも興味を覚えました。自生地に近い場所で栽培する、この点もハスカップの大きな魅力だと思います。この興味を出発点に、これまで行ってきた研究について紹介したいと思います。

ハスカップの２倍体と４倍体

文献を調べてみると、ユーラシア大陸のハスカップには２倍体と４倍体があることが報告されています。ハスカップの場合、２倍体は染色体数が18本、４倍体が36本です。一般的には、２倍体が基となり、そこから４倍体が派生したと考えられます。北海道のハスカップがどのような状況になっているかはよく分かっていませんでした。北海道各地のハスカップを調査しました。当初、２倍体が多く出現すると予想していたのですが（２倍体が基本なので)、北海道の多くの地域では４倍体が自生していました。苫小牧のハスカップも100個体以上調べましたが、全て４倍体でした。

横津岳（七飯町）、アポイ岳（様似町）、標津湿原（標津町）、これらの地域のものも全て４倍体でした。２倍体は、道東のごく限られた地域、釧路湿原、別寒辺牛湿原（厚岸町）の辺りで見つかりました。また、２倍体と４倍体が共存している地域は見つからず、それぞれの地域にはどちらかのみが広がっているようです。本州の戦場ヶ原（栃木県）のハスカップも調べてみましたが、４倍体と判定されました。これらの結果から、日本には２倍体と４倍体の両方が存在し、４倍体が広く分布していることが分かりました。推測ですが、ハスカップの４倍体の方が環境への適応能力が高く。２倍体から４倍体に変化することによって、もしくは４倍体が入ってきたことによって各地に広まったのではないかと考えられます。他の植物種では、染色体数が増えると組織や器官が大きくなり、外見で区別できることがあります。ハスカップでは、見かけで２倍体と４倍体を区別することが困難です。大きな葉を持つ２倍体もあれば、小さな葉を持つ４倍体も見つかっています。両者を見分けるためには、染色体数を数えるか、フローサイトメーターというDNA含量を測定する器械で判定します。この調査をはじめた当初から外見で見分けられないか、さまざまな形質を観察しましたが、明瞭な違いを見いだせないでいます。

ハスカップとミヤマウグイスカグラの種間雑種

ハスカップのことを調べていくうちに、近縁種にミヤマウグイスカグラがあることを知りました。ミヤマウグイスカグラは赤い果実が成り、果実は小ぶりですが非常に甘くて美味しい。自生地は北海道より南とされていますが、札幌では屋外で越冬することができます。ハスカップの魅力は個性的な強い酸味ですが、生食用にはもっと酸味を抑えたものがあってもよいのではと考え、ハスカップとミヤマウグイスカグラの種間雑種作りを行いました。両方の花粉が揃う時期に掛け合わせ、余分な花粉がかからないように花に小袋を被せておきます。果実が膨らんできたら、果実の中にある未熟な種子を取り出して無菌播種を行いました。やがて発芽し、ハスカップとミヤマウグイスカグラの雑種植物を得ることができました。ミヤマウグイスカグラの花にハスカップの花粉をかけた方が雑種を得やすいことも分かりました。雑種植物は、一般的に両親の中間の形質を示すことが知られています。ハスカップとミヤマウグイスカグラの雑種は、両親の中間の赤紫色の果実をつけました。ハスカップの特徴である二つの花の基部に一つの果実ができるという形質が中途半端となり、雑種の果実は一つの果実の先端が分かれたような双子になりました。肝心の味は、より甘みが強く感じられるなかなかの美味しさだと思っています。まだまだ改良や選抜が必要ですが、ハスカップの魅力を広げる一つのバリエーションになればと考えています。

最後に

圃場でハスカップを栽培しつつ、ハスカップの自生地を辿ってきました。栽培している植物がほぼ同じ姿で野生の中で見つかることにいつも感動を覚えます。また、自生地でハスカップを見つけた時の宝物を見つけた時のような興奮も。自生地に立ちながら、この姿がずっと続いて欲しい、心からそう思っています。

第２章

ハスカップの素顔を探る

厚真・山口農園のプリプリのハスカップ。１キログラムなどすぐ摘むことができる。粒が大きく、鈴なりで、酸味が抑えられ、触っても簡単に落ちない。
その点、自生する原野・ハスカップ・サンクチュアリのハスカップは、性質がこの真逆。だが、その「雑味」に変わらぬ人気がある。この「雑味」を知る人も少なくなった。

ハスカップファーム山口農園をたずねて
～栽培でみつけたハスカップの素顔～

ハスカップファーム山口農園・園長　山口善紀さんのインタビュー
（環境コモンズ研究会（北海道開発協会）の平成25年８月28日訪問）

● ハスカップの品種登録

草苅　まずハスカップの品種登録から伺っていきます。
山口　僕が本州から帰ってきた当時、ハスカップを栽培していたのはちょうど60軒位の農家だったのですが、同時期位に品種で種苗登録を準備していまして、母が育種していましたが僕の名前で平成21年に登録をしました。「あつまみらい」と「ゆうしげ」を厚真ブランドにしています。日本でハスカップを種苗登録しているのはそれまで「ゆうふつ」しかなかったのですが、この農園で選抜した「あつまみらい」と「ゆうしげ」という２品種が追加されたことになります。

草苅　「ゆうふつ」はどこで持っていたのですか。

山口　登録したのは道の試験場ですが、元々は苫小牧の農家で選抜したと聞いています。「ゆうしげ」と「あつまみらい」を登録する18年位前です。日本で一つしかなかった品種の所に厚真町で２品種を種苗登録することになり、僕が権利者となっています。

草苅　種苗登録とは、どういうことですか。

山口　種苗登録とは品種登録と同じです。品種登録して僕が権利者ですので厚真町内での栽培と限定しています。挿し木をして、それを買うには部会員でないと買えないです。

農協を通じて覚書を交わし部会のみの販売として、部会を辞めたけど原圃場をもっているのでもう一度やってみたいということで、ここ数年で現在（平成25年当時）95軒に増えています。

草苅　ロマンスメロンのブランドで農家さんがやっているような感じですね。

山口　そうです。夕張メロンのような感じで「あつまみらい」と「ゆうしげ」２品種を厚真町のブランドにするということで栽培面積が急に増えました。今は日本一の産地となっています。ただ面積を増やしただけではなくて、厚真町でしか作れない品種を作りまして、それが面積を増やす結果となったのです。

草苅　その２品種は形とか味で特徴となる共通なものはあるのですか。

山口　両方とも生食用で開発しましたので、糖度は12度以上の大きい粒です。規格では粒は３つ位の大きさに分けています、一番大きいもので糖度12度以上ということになっています。

草苅　尖っているのとか、先が少し潰れたのとか色々な形がありますよね。品種の中でも色々ですか。

山口　品種ごとに特性が有りまして、どちらも形は尖った感じです。粒は大きくて2.5グラム位あります。

私が携わって11年目になります。戻ってきまして２年間は母を手伝いまして、平成17年の１月に就農しました。その時は３ヘクタールほど米農家をしながらでハスカップの面積は0.7ヘクタールでした。僕の時代に米を止めまして３ヘクタールの田圃全部をハスカップにしました。面積は苗木も育成していますので4.3ヘクタール位になります。

草苅　一時は、減反政策にのって減反奨励金をもらいハスカップの収入は副収入としていたものですよね。それが農協を通じて苫東から分譲したころの大きな流れだったですね。

山口　そうです。農地的には種目が田圃の場合はハスカップを植えると畑になります。高額の減反奨励金が入ったのですけど、種目が変わるという話であまり進まなかったと思います。僕が戻ってきて調べましたら今はアスパラと同じ扱いです。小果樹なので抜けば田圃に戻せる。今、厚真町はハスカップを奨励していますので、ただの転作ではなく普通よりプラスアルファの転作奨励金は付くようになっています。一時ではなく毎年付いてきます。米、麦、大豆等の転作奨励金額は大きいです。奨励していないものの奨励金は、１反（10アール）の単価が7,000円位です。奨励作物はプラスアルファでハスカップは１反20,000円位です。

草苅　山口農園は厚真町で一番大きいハスカップ農園になるのですか。

山口　そうです。３ヘクタールを超えた農家もあったのですが縮小してしまいました。

草苅　山口さんのところは品種も持っており、面積も大きいとなると厚真のハスカップ事業をリードしていますね。

山口　そうですね。財団法人日本特産農産物協会が「特産品マイスター」というのを10年前から認定していまして、申請には推薦者が必要で、町長とか農協、普及所の所長さんとか推薦と功績とかを申請します。昨年、厚真町長に推薦していただき申請しまして今年の２月に認定していただきました。「特産品マイスター」は地域の一般的につくっている米とか麦とか皆でつくっているものにはならないもので、日本で200人位認定されています。今年は12名で北海道では例えばラワンぶきの人とかで、ハスカップで認定されたのは日本で私が１人目です。

草苅　ハスカップがブルーベリーの次の時代を作るのではないかと北大の鈴木卓先生が言っていました。

山口　非常に注目され研究されています。現在収穫を目指して植えている面積は３ヘクタールで、4,000～5,000本位です。広くなっているところはナガチャコガネ虫という根切り虫が大発生したところです。根を切られるので葉が縮こまって何本か枯れているのもあります。ここ何年間かハスカップで問題視されていますが、元々は芝生や御茶畑で大発生したものです。

草苅　昔、王子製紙栗山林木育種研究所の千葉茂先生を中心にハスカップ研究をやっていた時に、さび病のようになったときにベンレートで防げるというようなことがありました。

山口　今は、農薬は使いづらくなっています。ハスカップですと年間に通常アブラムシと「灰カビ病」の防除をするのですが出荷まで４回ぐらいしか出来ないです。

草苅　ハスカップは新しく出てきたものに実がなるから終わっている状態であれば防除しても実にはそんなに関係しないのではないでしょうか。

山口　そうですね。ただし、それを言うと出荷はできません。一応出荷時に農薬をどのように使ったかと提出するものがあるのですけど、その基準は収穫後からのカウントになるのです。例えば、除草剤は３回しか使用できませんと言われれば収穫が終わってからの始まりとなります。農薬に対する制約が数字的なカウントの仕方をするので生産者としてはやりづらい所があります。

草苅　できるだけ、無農薬、減農薬を目指されているのですね。

●ハスカップの選抜と栽培の実際

草苅　ところで植栽の密度はどのくらいなんですか?

山口　ここは20アールほどで600本位入っています。

草苅　１ヘクタール3,000本ですね。

山口　１本が２メートルの１メートル80センチメートルが植栽間隔とする指導を受けました。葉っぱがすごく綺麗なこの一画はいまだに母が管理しています。最初、勇払原野から３年ぐらいかけて1,000本位入れたと言っていました。

草苅　私が苫東にいた時にいすゞ自動車の用地のところにハスカップが15万本位有りまして、５、６万本は苫小牧農協、千歳、中富良野とか厚真町も入っていましたが分譲したそのものが来ているのでしょうか。

山口　これは昭和53年に移植したものなのですが。

草苅　いすゞ自動車の環境アセスメントが昭和55年ぐらいで移植はその後ですから、いすゞのところのものではありませんね。

山口　母にハスカップ栽培を勧めた母の親というのは鯉沼地区に住んで

いまして、ほとんど栽培が始まっていない時に勇払原野と千歳に取りに行ったと言っていました。

草苅　勇払原野で分譲して取りにこられた方というのは個人の土地か苫東の土地ですね。苫東は農協を通じたらおそらく大量の株数を１軒ごとに分けたと思います。

山口　やはり農協が主体となって農家さんが勇払に取りに行く話の前です。実際にハスカップの栽培が本格的に始まったのは記録的には昭和52年に千歳、美唄の林業試験所のバックアップがあったと、多分そっちの方ではないかと思います。美唄が産地になった経緯は、元々は三星さんが早くからハスカップの商品をつくって原料不足になりまして、栽培してくれるところを色々と探したのです。厚真は米どころで減反政策には乗らなかったのですが、美唄は米どころではなく減反の一つとして転作作物の一つとして手を挙げられまして、たまたま樹木になるので美唄の林業試験場のバックアップをされ、生産されたものはすべて三星が買いますとの約束のもと、美唄が生産を始めたのです。美唄は今でも生産量日本一ですが、原料は全て三星へ行っています。苫小牧の隣町の厚真産は一切三星には行っていないです。

美唄で生産を始めることによって本格的に三星が原料として買うことで生産が始まったみたいなのですが、当時はまだ栽培が始まっていない時ですから、山取りのハスカップを三星が買っていた１キログラム3,000円前後と単価が高かったので始めたのですが、昭和50年後半には暴落して1,000円前後に値段が下がったと言います。それで一気に栽培面積が増えたにもかかわらず一気に止めたのです。

草苅　あの当時は原野に取りに来て自家用に使っている人もいたのだけれども、売っている人もいるようだということも聞きました。１キログラム3,000円ならそれでジャムをつくるとしたら非常に高くなりますね。

山口　今は、普通で1キログラム2,000円前後が正規な値段となりますけど、それでも高いというイメージです。加工業者が希望とする値段は1,000円代前半みたいです。

草苅　旧苫東会社の子会社がジャムとワインを作っていたのですが、開発行為をする所にハスカップがあればアセスメントの手続きの中でそれを移植などの手だてをしなければならない。そうすると工業用地を作れば作るほどハスカップを移植する必要があり何万本も移植して所有していました。生食用にしないでそれをジャムとワインに変えて営業用に使っていたのです。勇払原野の開発ですから、商売を度外視して別の方で儲けさせてもらった分をハスカップの移植につぎ込んだ。私も本来の仕事から離れた格好で遠巻きに子会社を手伝ったり、その関係で山口さんがおられた王子の研究所さんともお付き合いなったのですけれども、そう言う意味では農家さんとは違うようなアプローチで原種保会のような立場でやっていました。

山口　母は山取りの中から苦い木は抜きたいと選抜育種という画期的なことを考えだしたんだというのは後になってわかるんですけど、母は基本的にハスカップは嫌いなんです。それで、私と小学生の弟に「美味しくない木に印をつけなさい。一本につき100円あげるから」と食味係として何年もここの圃場のハスカップを抜いていたのです。まず、苦い木を除いた後に酸っぱいのは我慢し大きな粒を選び栽培に向いているのを選抜してそれを挿し木で増やしたりするのです。

草苅　この鈴なりになっている実なりも選抜できるのですか。

山口　鈴なりや、疎らになるのは特性です。一人で選抜をやっていますので、まずは食味とそれから粒の大きさです。手摘みなのでなるべく大きい粒を栽培したほうが効率は良い。不味くなく大きい粒のものを選抜したものを上の畑に0.5ヘクタール増やしまして、その中でこれは良いといったのが「あつまみらい」で、母いわくこれは種からきていると。「ゆうしげ」というのは、一緒に母に勧めた親が、山取り2,000本位でハスカップ農家を始めるのですが、その中の野生から選抜されたもので、そこから食味して良い物を分けてもらって、品種登録にはある程度の本数と世代で、挿し木による最低三世代の世代がないと変異がないという証明ができません。それをしないと種苗登録はできません。

それで母の実家で選抜したものをここが主体となって増殖して、代を重ねたものを平成12年が過ぎた頃から「あつまみらい」と「ゆうしげ」の食味が非常に良いということで、農協さんからもこの苗木を増やして会員さんみんなで作ったらどうだという話がありました。けれども、せっかく長い年数をかけて作った良い物を種苗登録をしないで出してはダメと助言をしまして、それではどうしたらいいかといろいろ話し合った結果、他の農家さんでも良い物を持っている人から手を挙げてもらい、手を挙げてもらった各農家のものを部会長さん、農協担当者、農業普及センターの方と見て歩きました。

それで私の所で選抜した二つが極めて良いということで、この二品種を部会をあげて種苗登録するということになりました。一個人のものなのですけど部会をあげて農業普及担当者の小坂さんという方が種苗登録を手伝いますということで、ちょうどその頃僕が帰って来た頃で、来て出来る調査とそこに居なければできない調査があるので、例えば、何時芽が吹き出しました、花が咲きましたと時期的な調査を僕が３年間やりました。小坂さんは葉っぱの色とか実の形、実の量とか実の質とかを「ゆうふつ」との対比で調査しました。

「ゆうふつ」は生産者的にはあまり良い品種ではないです。量はなります、味もまあまあです。ただ、実が柔らかいので流通には向いていないんです。美唄は加工向けのものを生産していたので取って直ぐ冷凍します。三星さんはなるべく酸っぱいものということで色ついたらすぐのものが欲しいということです。厚真の生産したものは全てが苫小牧市場に卸されてそこから競りにかかって苫小牧市内で販売という流れです。

● 苫小牧というマチとハスカップ愛好者

草苅　苫小牧にそんなに消費者がいるのですか。

山口　苫小牧市場に生産量10トン近く出ます。時期になったら各スーパーにも出ます。まずは生で流通させる。そして苦い実をなるべく出さないようにする。なるべく糖度ののったものを流す。柔らかいとベタベタになりますので、糖度がのるということは硬い実でなければならない。厚真と美唄では最初から使い道が違っていたのです。ここの産地が高品質で粒が大きい、と市場では一番高く評価されています。

草苅　うまく棲み分けされているんですね。苫小牧で生食の消費者が一杯いるというのはなぜでしょうか。ノスタルジーのような感じで欲しがるのでしょうか、それとも何かあるのでしょうか。

山口　私のところは観光農園をやっているので良く分かります。昔は勇払原野にみんな採りにいったが、今は勇払原野になかなか入れずいろいろと制約が有って採りにいけないので、買って食べるしかない。昔からハスカップというのは苫小牧市民にはその時期の山菜のように消費されていたので、ハスカップに対する食文化が確立されていて需要が消えない。

ただし、昔ながらに山取りしていた年配の方は高齢化になって山に行けなくなったから買うのですが、高齢化で人が少なくなって人数が減ると需要も減ってくるのです。ちょうど私が来る前に価格が下がってきまして、それでどうにかしないといけないということで食味の良いものを提供して、もう一度需要を伸ばしていこうと始めたのです。

草苅　供給過剰と需要オーバーといろいろ入り組んでいくのですね。

山口　増えて止め、増えて止めて、と単価に波があるのです。僕が来た時に一大ブームが起こったのです。テレビで「みのもんたさん」がハスカップの紹介をしてから、農協の冷凍庫で２、３年分抱えていたハスカップが一気になくなる。初セリの価格も１キログラム3,000円までになる。ただし、直ぐ原料不足に陥ってまた下火になってくる。供給がなくなり、需要がなくなり、苫小牧で余るようになると値段が下がる。

昨年、一昨年あたりから「あつまみらい」と「ゆうしげ」を知ってもらうのに、100グラムパックで試験的に販売を始めているのですけど、残念ながら苫小牧の市民の方にそのまま食べられるハスカップですと試食させてもほとんどの方が要らないと言うのです。理由はハスカップは不味いもの、酸っぱいものと認識されて固定観念が強いからです。そのような食文化があるところに、生で食べれるという食文化を植え付けようとしてもダメなんですね。ほとんどの苫小牧市民は嫌がるみたいです。

これは困ったと思いました。品種は作ったけれど苫小牧向けは難しいということで、今は札幌とか苫小牧以外の所に出しています。でも苫小牧の需要も少しづつ伸びてはきています。苫小牧には加工という文化がありまして、生食と言いながら市場経由をしていますけど、買った人はその生のハスカップをそのまま食べないで自分達で加工して食べているということがよくわかりました。

● ハスカップの原野に自由に行き来する問題点

草苅　この話は非常に興味深いです。私が25年間位関わった苫東の中で勇払原野のハスカップが自生しているところは、昔山火事が多くて入れないようにしたこともあったのです。というのも、苫東はちょっと変わっているところで土の表面に泥炭がむき出しになっている所があって、たばこの投げ捨てで簡単に山火事が発生してきたのです。それで、立ち入り禁止にしたことがあるのですが、新聞社と一緒に市民の猛反発を受け、フリーアクセスに戻さざる得ない状態になっていたのです。今でもそうですけどだれの許可もなく入れまして、時期になったら沿道はすごい車の行列になっています。

NPOが関わっているハスカップのサンクチュアリのような原生地は、今はハンノキやサクラなどの木の下になって徒長（伸びすぎ）しているのです。ベニバナヒョウタンボクと一緒に生育していて、まず徒長したベニバナヒョウタンボクが枯れ始めました。その状況から目が離せないのでNPOはその枯れ具合をGPSを用いて調べているのです。

ところで、北欧では元々はフリーアクセスでブルーベリーや茸を取ったりして、それを万人権という個人の権利として認められています。このようなオープンスペースの管理の担い手がいない中でどのように地域が管理をしていくかという仕組みが課題になっていて、そこにはコモンズ（共有する土地）という考え方があります。フィンランドでは、都市近郊のヨーロッパトウヒなどの森林の林床が一面ブルーベリーとコケモモの大群落になっていて、どんなに取っても２割しか取り切れていないので全く問題になっていない。

そこにもコモンズという捉え方が出来ていて、苫東のハスカップや雑木林もそういう概念を当てはめられないかという問題意識を私は持っています。それでNPOを立ち上げる前に土地所有者に内々で打診をしたのですけど、それは願ってもないことだということになってNPOを立ち上げたわけです。ただ原野のハスカップについていえば野放し状態というか、木が枯れ始めようとしていることを気にしている人が私たち以外は誰もいない。苫東に残された勇払原野のハスカップ自生地はもう他にないのですが、フリーアクセスの共有感覚がかえって無関心に働いているようです。

山口　野生の少し枯れてきているところは、他の木を整理してハスカップのエリアだけは優先させるということも方法ですね。

草苅　そのままハスカップが枯れるのも運命なのだから、放置すればいいではないかと言う人が必ずいますね。ハンノキを切り、徒長したハスカップを株切りにして更新させて、持続させるエリアを並べるようなことを誰かが提案しないといけない。原野のハスカップは本当の後見人がいないような気がしています。苫小牧の中にはハスカップのことを本当に知っている人が段々いなくなってきています。長い食文化の流れだとか移り変わりだとかを何か記録しておきたいと思うのです。

●「遺伝子を残せ！」

山口　僕はたまたま生食という食べ方が決まっているものに対して提供するために美味しいものと粒の大きいものとを目指していますけど、いろいろな文献等をみますと苦味には興味深い成分があるとわかっていますし、そういう種類を絶やすべきではないという思いもあります。でも収入を得るためにやっている場合はそういうことでは維持できない。もしサンクチュアリ的な所があればいつか使えるであろうものを残していけますよね。

草苅　ジーン（遺伝子）プールみたいにしておくということですね。苫東の原種を移し替えているだけで肥培管理していないゾーンはそういう意味があるのだろうし、別のサンクチュアリみたいなところは40年前位に北大の花卉園芸の教授が遺伝子の研究材料に欲しいと言って調査したことがあるのですが、わかったことは隣り合わせのハスカップが全部別系統だということでした。だからそのような状態であるというものをこの状態で残しておくということはやはり意味があるのではないかと思いますね。

山口　遺伝子を保存するということは大事なことだと思います。どういう形で保存するのかですね。

草苅　そうですね。組織培養等の研究をくぐってこられた山口さんが、農業をやってなおかつ時代的なものも把握され代々引き継いでおられるということがすごいですね。

山口　私の中では小さい時から携わっていたので、実際小学生だった自分の収入（小遣い）になると思ってやっていました。この歳になって思うのですが、あの小さい自分がなかったらもしかしたら、「あつまみらい」「ゆうしげ」もこうなっていなかったのかなと。母がここまで育種を進めていないのかなと。今だから色々と調べるとわかりますけど、母はただ食べたくなかったから私達にやらせたのですが、子供に苦いものの食味試験をさせるということは非常に効率的らしいです。大人になると苦味に鈍感になる。小学生だからできて、今の僕には選抜はできないかもしれないのです。最終的には母は私達が何年もやっているのにまだやってほしいと言った時、僕たちは嫌がったみたいなんですね。そうしたら母は１本につき500円出すといってやらせたのです。母も味見をして、苦くないんじゃないと言ったみたいですけど、そこは僕達は「絶対苦い」といって譲らなかったみたいです。実際、僕達の方が苦味に対して敏感だったのです。結果として、苦い実をもつ木を抜き出して廃棄しました。燃やすのですが近所の方がもったいないから頂戴と言ってきても、こんな苦い実がなる木を人様にやるもんじゃない、と徹底的に処分したと言っていました。

草苅　子会社でのハスカップは千秋庵に出していたのですが、千秋庵は勇払原野の酸っぱいものでないとハスカップの味がしないと、子会社のものだけを取り扱ったのです。一方ではワインを作りだしまして、原料を北海道ワインに出してフランス人の醸造専門家にやってもらっていたのですが、勇払原野産は糖度が足りなくて発酵しないのです。それでも７、８年はワインを作っていました。ジャムもそうですが、勇払原野の地域ブランドを創りたかったのでしょう。

● 天皇陛下とハスカップと王子製紙

草苅　私が王子製紙の栗山林木育種研究所の千葉茂所長や研究員とお付き合いするようになってよく話題になったのが、昭和天皇です。陛下は栗山に２回ほど寄って行かれ、その時に夕張メロンとハスカップを出すと天皇陛下はハスカップを生食で砂糖をかけて食べられたということで、お気に召されていたみたいだという話です。

山口　僕は平成の初めに入社しました。やはり千葉先生の時です。数年後には千葉先生、佐藤先生が退社され、その後に小川さんが、その後に幸田さんに代わりました。その時代に研究所から博物館に変わりました。

草苅　私が北大の林学科を出るときは大変な就職難でして、講座の教授から、良い職場があったからいってこいと言われまして苫東に就職したのです。苫東に3,400ヘクタールの緩衝緑地を設けなければいけない時に、難問があった。あの頃は特に霧も多く、土壌は腐植層のない火山灰で湿原のような過湿状態のところも多くて、どうやって木を植えて林にするかと関係者が悩んでいる最中だったのです。そこに2.4ヘクタールの試験地を内陸と湿地と海側と３箇所に作って調査をすることになって、私がその担当になった。私の上司が王子製紙からの出向者だったために、調査の顧問を北大ではなく千葉先生にしたのです。それで私は王子の千葉先生のほか、永田さん、飯塚さん、松平さんなど５、６名の研究員の方々とお付き合いができ、色々なことを教えてもらいました。

山口　松平さんは実家が厚真町なんです。お兄さんはハスカップ農家をやられています。

草苅　そのような関係では繋がっていますね。王子さんにはダムの緑化で使うフサスギナを苫東で採取してもいい、という交換条件などもありました。それで飯塚さんがダムの渇水時のフサスギナによる緑化を担当されていて、そういうギブアンドテイクが多少あったのです。北大などの大きな所と繋がるよりも、今考えますと研究所の５、６人の人達と深くお付き合いできたということがとても私にとってプラスになったと思います。

山口　私も、王子製紙を退社したとき周りから勿体ないと言われましたが、実際こうやって農家をやっているとあの10年間の経験がこんなに役立つのかと改めて感謝しています。町長さんなどにも、僕が戻ってきて品種登録しなければ栽培面積日本一はなかったと言われました。

● ハスカップと湿原、原野の鳥

草苅　栽培して食べるハスカップと、いろいろな成分が混ざっている原野のハスカップとで、そこに別の評価があるのは面白いです。ちなみに、野鳥の会はハスカップの原野というのは絶滅危惧種の鳥の宝庫だと発信しています。ハスカップ・サンクチュアリや弁天沼の一帯ですが。

山口　そうなのですか。そうするとハスカップを好んで食べる鳥もいるのですか。

草苅　それは勇払原野でまだよく確認されていません。というよりも、ハスカップが植生する灌木林が例えば「ノゴマ」「オウジュリン」、それと「アカモズ」とか草原や原野の鳥たちにとって繁殖するのに適しているのでしょう。野帳の会の人達にとっては、別にハスカップが大事でもなんでもなくて、ハスカップが自生する灌木林や原野の自然環境全体が大事なのですね。それはそれでもっともなことですが。

山口　何年か前に野生のハスカップを見に行ったら、ちょっとした凹みは水たまりで渡って行けないのです、時期になると。びっくりしました。本当に湿原なんだと。

草苅　勇払原野でハスカップがオリジナルに出ている所はどこか。ハスカップが実生で生えてくる培地というのはミズゴケの小丘（ブルト）なのです。水がジクジクして湿原になると長い年月をかけてミズゴケのブルトができる。あのブルトの中に実生のハスカップがツルコケモモと一緒に花を３つ位つけている、あれがいわゆるハスカップのオリジンです。あれは絶対守らなければなりません。ところが角スコップでとって水盤にするという趣味の人がいるのです。トレーの中に水をたっぷり入れそれを入れれば小宇宙ができあがるのです。それをやられると原生地がなくなってしまうことになるんですけど、それを抑えられないのです。そこには、サギスゲとかヒメワタスゲとかワタスゲの群落になるようなところなので、苫小牧民報なんかも花が咲いたとかのニュースは基本的には書かないしきたりになっていました。そういう扱いになっている所なんです。

山口　苫小牧は昔からハスカップのマチと言われていたとおり、日本一の群生地があるということになっているので、自然を絶やすのはもったいないです。

●厚真町とハスカップ産業

山口　厚真町は僕が登録した二品種を半額で苗木を助成します、と農家に伝えました。販売価格の半分は役場が出す。生産者の人は半額で苗木を買える。そのような協力を得ている。

草苅　ビッグビジネスですね。ハスカップは。

山口　そうですね。厚真ではハスカップはかなり注目されています。

草苅　厚真町だけでどれぐらい売上があるんですか。

山口　農協が取り扱った数値しかいえないのですが。2,000万円位ですが、たった１カ月の露地で22ヘクタール程の面積で2,000万円はまあまあだと思います。それもやっている人はほぼ現役を引退した農家の人なので。

草苅　それだと、米の方が収入が多いのじゃないですか。

山口　一般的にはそうですね。私のところは米を止めてハスカップだけです。今は面積を使う農業が進んでいます。ハスカップをやっている農家は息子に代を譲って自分がハスカップをちょこっとやっている人が多いです。メインでハスカップというところは何軒もないです。

草苅　ハスカップファームを解放するのはシーズン２日なのですか。

山口　そうです。昔は違ったのですが、10年ぐらい前に始めたときは、３週間で100人位でした。今は２日ですけど１日で300人近く来ますので1,000本用意しているのですけど、朝８時開園で200人以上集まります。３時間ぐらいで1,000本はなくなってしまい、皆さんは午前中には農園から引き上げるような状況です。それから１週間休まさせてもらい再び開園しましてシーズンを終わるということです。入園料はとっていないです。ハスカップの買い取り額は100グラム130円で、自分でとった分は全て買い取っていただきます。お客様が取ったものはこちらでは取り扱いできないです。採取する状態が違うのです。お客様は黒いところは全部取っていきますが、私達は木の根本の１段目の一番熟しているところだけをとるので、１本の木で２、３回収穫をする。ぱっと採って冷凍にするのは美唄とかのやりかたですが、厚真は生食で１回とっても甘い所と酸っぱい所があるので使いわけます。また栽培地では２段か３段と花がつきます。野生なら１段か２段位しかつかない。通常元気な木だと３段位つきます。虫にやられると１段位しか花はつかない。ハスカップを切って良い実をならそうとするなら毎年３、４割剪定して枝を払わないとだめです。

● ハスカップの剪定入門

草苅　例えば実際にはどのように抜くのですか。実際の木で剪定の初歩と原理をおしえてくれますか。(ハスカップの個体を前に)

山口　枝の中に入っているのはだめです。鋏を入れる場合はこれを切って、これを残してみたいなことです。その結果がこれです。これは昨年の状態はここまでが１本なのです。ここの状態はこれと同じなのです。今年の春はこのような状態のはずなのです。それが横から全部出てくる。来年はこのような形になるんです。大分間引きしないと手が入っていかないのです。何も剪定しないとこんなには伸びません。剪定したならこの枝はこのようになるのにこのまま放ったらかしにしていたら短い枝しかつきません。

草苅　なるほど。その段が幾つもなるようにしたほうが収穫量が増えるということですね。

山口　剪定がないのと有るのでは、一本の木では剪定がない方が量はとれます。ただ粒数も倍になり小さいです。収穫を考えますと粒が大きい方がいい。ハスカップは野生のものは２メートル位になりますが、わたしは間引き剪定といって太いのから必ず切るんです。切り落として下から出たやつを伸ばすということで、この中から更新していかないと２メートル以上になるのです。収穫するのならだいたい150センチメートル以内に納めないといけません。肩から上ですと収穫効率が落ちるので、間引き剪定で更新するわけです。

草苅　確かに綺麗です。原野のハスカップはほとんど園芸用に使えないような形ばかりですけど、この樹形なら立派に使えますね。園芸的に見ますと地際の裾が綺麗に見えると大抵のものは使えるそうです。これは、完全にそうですね。ここの所がこぎれいになっている。実際そんな風にやってみると、原野に生えるイヌコリヤナギですら裾を見せると十分園芸的に使えるものです。ハスカップも園芸に堪えうる。これは勉強になりました。それで、これはこのままにしておくともう一回小さいのが出てくるんですね。

山口　そうです。段々この間隔が小さく、出ているこの長さより完全に短い新芽しか出ない。僕たちは、30センチメートル以下のものを剪定します。

草苅　本数が多いので作業は大変ですね。

山口　そうですね。妻と二人で3,000本位剪定しています。剪定時期は葉っぱが落ちてからなので10月位からですが、僕が働きに出ているので都合上、時期は春で３月から剪定します。３月10日位になると株際が見えてくるので。雪は少しありますけど作業はできます。

草苅　雪折れはないですか。

山口　この辺りは問題ないです。美唄の方は雪が多いのでボッキリ折れるので囲わなければならないと聞いています。

●ハスカップとブルーベリーなど

山口　冬囲いしなくてもそれでも寒いのでこの辺りは凍害にあってブルーベリーとかは全然ならないです。正直言ってこの面積だとブルーベリーをやったほうが収入は多いです。ブルーベリー１本からハスカップの倍から３倍程の収量がありますから。鈴なりになるので取り扱いやすい。ブルーベリーの方が儲かるのでしょうが、この地の条件としたらブルーベリー向きではない。手間をかけない分、面積を作っていくという感じでしょうか。土地利用型で収量を増やすということになります。

草苅　そうですね。ブルーベリーをやっている人を見ますと寒冷紗をかけてやっているみたいな、苫小牧などではそういう人もいらっしゃいます。

山口　何年か前に果樹の普及所の人と話をしまして、５月にすごい霜がきまして北海道のサクランボがほとんど全滅に近い状態になりまして、ハスカップも心配してくれたのですが、霜があたって新芽が曲がっても全く影響がなかった。やはり勇払原野の環境で群生していただけのことはあるね、と話をしていました。

● 品種と収穫計画

草苅　今ここに植えているのは２品種の内どれを植えているのですか。

山口　ハスカップというのは、収穫適期は５日間位なんです。もしこれが単一品種だとこの面積の収穫期はたった５日しかない。そうすると農園的には不可能なので、２品種登録していますけど、母の段階で30種類位を選抜して、僕の段階でそれをさらに20種類近くまで絞りまして今は20種類もないです。色札で品種を識別して管理しています。例えば、今日は青色のを取ろうとか。それで１カ月の収穫計画を作っているのです。まだまだやろうと思ったら、本当にこの中で品種登録した２品種が良いのかと言うと100%そんなことはありません。ただ、今まで30年かかってこれだけまでは絞ってきたというだけであって他の農園に行ったら本当はまだ良いものがあるという可能性はあるのです。スタートが全部山取りなので。

草苅　そう言う意味では、品種登録的なもの、種苗登録的なものはまだまだ可能性はあるのですか。

山口　そうですね。昨年時点では、日本で４つしか品種登録されていないんです。「ゆうふつ」「あつまみらい」「ゆうしげ」と苫小牧の黒畑ミエさんの品種の「みえ」です。

●ハスカップを間にした人のつながり

草苅　黒畑さんはご主人と今の苫東の弁天に住んでいたんです。

山口　今、やっているのは、80代半ばのおばあちゃんです。それが「みえ」ですね。黒畑ミエというお名前の「みえ」を品種名にされた。テレビに出ていました。

草苅　私がやりたいと思っているプロジェクトなのですが「苫東コモンズのハスカップ保全事業関連企画・勇払原野との繋がりを記録する『ハスカップとわたし』」という記録をしておきたいのです。どんなふうにインタビューするのかというと、ハスカップ栽培のことは山口さん、周辺のことでは千歳農協、勇払原野に住んでいた方としては、弁天に住んでた人で長峯さん、そして黒畑さん、厚真町の斎藤泉さん、遠浅の大島さん、そして食品では三星さん、地域ブランドを目指した後発組では苫東の事業本部長だった浅井正敬さん。浅井さんは、かつて私が苫東に勤務していた時代の現地のトップですが、ジャムとかワインを地域の特産にしようと努力されハスカップ移植と栽培、食品加工までを手がけた人なのです。それからハスカップのイベントを手掛けてきたまちづくり関係者などです。

そして投稿もいただきます。昭和30年、40年代に当時からハスカップの実を札幌から摘みに来ていた80歳位の女性。それから北大などの研究者。そんな風にして、インタビュー記事や投稿をふんだんに取り込みます。そしてハスカップのフォーラムをやりたいのです。その時に山口さんにも入っていただけないかと思っているのです（平成26年５月31日開催）。そしてこれが北大でハスカップの研究をしている鈴木准教授のハスカップレポートなんです。

山口　先生は、お菓子のＫさんに関わっているんじゃないですか。お菓子のＫさんは長沼町に農園をもった時に、北大で選抜しているハスカップを入れたのではないかと思うのですが。

草苅　可能性はあります。そのハスカップはある時期に苫東のサンクチュアリの所から持って行ったものです。アイソザイムを使った研究もされていました。

それから、王子製紙栗山研究所のハスカップ研究報告がこれです。これは最初のものでしてシンプルな第１報だけ残っているのですが、５報位まではあったと思います。研究対象としては、まだハスカップはなんぞやという時の頃で、一つだけ残っているのですけど、散逸してしまって残念です。

山口　思い出しました。「僕の所で選抜していいのが有ります」と「あつまみらい」「ゆうしげ」を千葉所長に食べてくださいと持っていったことがあるのですが、千葉先生は食べて一言目に、「これはハスカップではない」と言われました（笑）。非常に印象に残っています。ハスカップ特有の酸味、苦味がない、と。

草苅　酸っぱく苦いのがハスカップだと原生ハスカップ経験者は刷り込まれていますからね。

●ハスカップの自生地（サンクチュアリ）とコモンズ

草苅　そしてこれがGPSで調べた、ハスカップとハンノキとベニバナヒョウタンボクの位置関係図です。ハンノキが入ってきたところにハスカップとベニバナヒョウタンボクが並ぶのです。並んでいてベニバナヒョウタンボクが枯れ始めていくという現象が、今、ハスカップサンクチュアリの中に出来上がってきています。

山口　そのハンノキは大分大きくなっているのですか。

草苅　大きいのは5メートル以上です。陰になります。ハンノキだけではなくサクラもシラカバも入ってきてます。この緑の部分はミズナラです。長い間に乾燥化してくると、ミズナラとコナラの林に苫東では変わるのです。標高の低い湿原のヨシ・イワノガリヤス群落がホザキシモツケ群落やハスカップになって、やがてハンノキなどが入り、台地ではミズナラ、コナラ林に代わるのが大雑把な植生遷移なのです。1キロメートルの距離で高さ1メートル位の勾配の乾燥化が始まった所にハンノキが終わってミズナラが出てくる。

山口　ここでどんなことをしているんですか。

草苅　（パンフレットをみながら）これが苫東コモンズの現場です。苫東全体が1万ヘクタールありまして、ハスカップ・サンクチュアリはここに設けており、ここと は別に間伐している里山風の雑木林は2カ所あります。またヨーロッパ的な牧場景観みたいなものが柏原の台地の方にありまして、それをヨーロッパのコモンズみたいにフットパスと称してルートづくりをして簡単な管理もしています。そのようなことを、ボランティアでほとんどみんな休まないで毎週来るというちょっと変わっているNPOなんです。

● ハスカップ関係者のフォーラム

草苅　今日はお伺いしまして本当に勉強になりました。ありがとうございました。フォーラムのようなものを鈴木先生なんかに声をかけてみようかと思っているのですが、オフの時にハスカップに思いを寄せる方達一堂に会して座談会みたいなものを持った場合には、協力していただけるでしょうか。

山口　可能な限り協力いたしますが、オフの冬の間は働きに行くのです。米を作っていないので９月からは農協さんに駆り出されます。11月は自分のところの圃場を管理し、12月から３月まで空港の除雪をします。100％大丈夫ですという日はないのです。待機になっています。

草苅　分かりました。そういう事情がおありだということを頭に入れながら何か集えるものがないか考えてみます。

山口　そういう機会がありましたら参加したいと思います。

草苅　苫小牧というところは住んで40年位になるのですが、大事な宝のひとつであるハスカップに関わる人達が少しずつ少なくなるのは寂しいことです。できれば、サンクチュアリのようなところに、ルールを守って皆で食べに行くということがあってもいいことではないかと思っているんですが、そうなると山口農園の商売敵になりますか（笑）。

山口　そんなことは思わないですよ。そのような所があればそちらに行く方もいるかもしれませんけど、だけど片方は野生の風味たっぷりですし、こちらは食味で勝負しているわけですから住み分けはできていると思います。

草苅　それに、現場はアクセスできる株の数と人の数を勘案したら、そんなに残っていませんからね。

山口　勇払原野があってこそ厚真の産地というのが評価される、勇払原野の一部であってこれだけの栽培面積を誇るところなので、絶やしてほしくないなと思います。僕ももっともっと散策したいです。あまりわからないので、もし機会があったら現場の方にもそのサンクチュアリとか実際の野生がどんな風になっているのか見てみたいです。

なんで僕が野生に興味があるのかというと実は田圃では自然栽培というのを始めたのです。なるべく化学肥料を使わない、農薬も減らす、除草剤も減らすということでやっていますけど、やはり無農薬のものを食べたいという人はいます。いろいろと試行錯誤で減農薬もやっていたのですが、５年ぐらい前のうまくいかない時に「軌跡のリンゴ」で有名になられた木村秋則さんの栽培方法を本で知りまして、田圃でハスカップを自然栽培でやるというコンセプトで３年前に圃場を作りました。自然栽培というのは人間が選抜したものをもう一回自然に戻してその中で環境整備して慣行栽培と遜色ないものを目指して、農薬を使わず肥料も使わず生命力溢れる果実を作ろうとやりました。野生の状態というのを目指して作っているのです。

草苅　サンクチュアリはそういうモデルですね。

山口　そういう所を案内していただけるなら行きたいです。

草苅　ところで、山口さんがこの仕事を選んだのは本当に偶然なのか、いや自分で選んだんでしょうね。

山口　今振り返ると、導かれているような気持ちになっています。

草苅　それが幸せの源ですね。これを機会にいろいろ教えて下さい。ありがとうございました。　（文責・草苅健）

苫東プロジェクトとハスカップ保全

～ハスカップのサンクチュアリとイニシアチブをめぐって～

NPO法人苫東環境コモンズ
事務局長 **草 苅 健**
（平成29年12月）

1．はじめに

このレポートは、平成22年２月のある夕方、苫小牧ハスカップ研究会の求めに応じ、苫小牧東部開発㈱（以下、旧苫東）が昭和50年代当初からどのようにハスカップの保全と移植に取り組み、かつ地域資源活用とブランド化に取り組んできたかを関係者に説明するために作った、自らの資料を元にしたものである。極めて遺憾ながら、ハスカップに関して進められてきた調査研究と移植保全、そしてそれらの経過を示すすべての資料は、苫東の経営破綻の整理のさなかに失われてしまった。旧苫東会社の記録消失は、まるで取り組みの断絶のようで、まことに残念の一言に尽きる。見方によれば、ハスカップこそ勇払原野の夏の風物詩という時代の寵児のような人気と裏腹に、開発の犠牲者として扱われる象徴との間を行ったりきたりしてきたシンボルでもあったと言える。そして擬人化した言い方をすると、ハスカップは今、新しい時代の本当の後見人を求めているようにも見える。

さて、７年前の研究会当日は、簡単なレジメを元にして、植生調査、環境アセスメント、移植、地域分譲、栽培研究、パッケージとラベルデザインのそれぞれに直接関与した筆者が、約一時間ほど講演させてもらった。本稿は、当時を知る研究者も、研究成果も不在になりつつある現在、経過を正確にとどめておく必要もあろうと考え、概数を用いることをお許しいただきながら講演内容を思い出しつつ、周辺エピソードも新たに足して活字にしたものである。このたび、ハスカップと市民のつながりをつづった

『ハスカップとわたし』に、当時の記憶をオーラルヒストリー的に書くことにしたが、そうだ、あの時の記録をそのまま使えると気づき、平成29年の12月末、こうしてしたためている次第である。

2．旧苫東会社のハスカップ対応と保全策

● ハスカップ原野は燃える

個人的な思い出話で恐縮だが、わたしが大学を卒業して１年間研究生として過ごしている間に、指導してくれていたM教授が、「君にぴったりの就職だ」と紹介されたのが、苫東工業基地の緩衝緑地づくりという仕事だった。造林学を学び、山登りのクラブ活動を続け、卒業論文では、冬の道内の山々を跋渉した経験から天然林の形を森林美学の観点で４つほどのモデルを示したことが、M教授をして「ぴったり」と言わせたのかなと推測した。そうして極度の就職難の世相を背景に右も左もわからないまま赴任した苫小牧だった。当然ながらというべきか、個人的にはハスカップのことは全く知らなかった。苫小牧といえば、高校２年の３月、１年後は北海道大学を受験しようと、ヒッチハイクで札幌へ下見に行く途路の３日目の朝、トラックから降されたのが何となく思い出せば今の日本軽金属前の広い通りだった。そこで乗り継いで札幌に向かった記憶がある。それが初めての苫小牧、勇払原野だった。

さらに、北大苫小牧演習林での学生実習でも苫小牧に来たが、演習林にほぼ缶詰状態だった。そして卒業して研究生になってからＩ先生の調査の助手として阿寒湖に向かう際に通ったのが、風景としてみる初めての勇払原野だった。当時は造林学でしばしば対象にする樹木ですら名前がおぼつかなかったから、ヨシの原野に美しい樹形で散生する樹木がわからなかった。

「先生、あのカッコイイ樹木はなんですか？」

「ヤチハン。ヤチハンノキ※1だよ。」

これがハスカップとの唯一のニアミスだった。

昭和51年、苫小牧東部開発㈱に入社してからは、土地勘をつけるために時間を見つけては平らな原野のようなフィールドを縦横に巡回もしていたが、入社のその年の７月頃、車内無線で「山火事発生、消火準備態勢に入るように」という連絡が来た。そのころまで、ハスカップという地域独特の奨果樹があることは聞いていたが、市民とのかかわりはまだ実感がなかった。原野に自生するハスカップの実を採りにきた市民が投げ捨てるタバコの火で、原野の湿原が燃えるらしいことをその時初めて知った。

何度か山火事を経験して数年たってから、実験してみた。なぜ土がモグサのように燃えるのか。その理由は簡単だった。泥炭がむき出しになっているのである。湿原のかなっけに染まって赤茶けたむき出しの粉のようなもの、あれは泥炭だったのだ。赤茶けた泥炭の上に火のついたタバコを載せて団扇であおぐと、モグサのように本当に火がついた。ではなぜ、これが繰り返されるのか。その応えも簡単で、市民が、モグサのような泥炭がむき出しになっていることを知らないのである。消防の防火協議でこのことを指摘し広報しようと提案したが、消防はなんだかんだ言ってこのキャンペーンのアイデアをまともに受け取ってくれなかった。

いったん火事になればモグサ状だから１週間もいぶり続け、あるとき風でも起きれば再び炎を上げる。毎年のように繰り返す山火事をまさか土地所有者として放置もできず、ひらの一般職員から部長クラスまで他の仕事を投げ打って、この原野火災とつきあった。水の入ったジェットシューターを背負い、暗くなるまでくたくたの消火も実はあまり効果はなかった。最も威力のあるのは、火の気のありそうな場所の周囲をブルドーザーでわさわさと乱暴にただ地はぎする方法で、根本的な消火はこれに頼るしかなかった。だから山火事の跡地は荒れた原野がさらに荒地のように見えた。航空写真で見れば、苫東には楕円形の陸上競技のトラックのようなものがいくつかまだ見えるが、それはすべて消火跡地である。

※１　ヤチハンノキ：湿原に生息する中低木。勇払原野では樹高５メートルほどになる。ヨシ湿原が乾燥してくると出てくる。ハスカップの群落も放置すると、土壌が乾燥していく結果、ヤチハンノキ－ホザキシモツケ群落などに変わる。現在のハスカップ採取地もいずれヤチハンノキ林に遷移する可能性が大で、すでにそれは始まっている。ハスカップはそのままでは枯れることも多く消滅する可能性もある。

● 移植のはじまりは地域資源活用と「ミティゲーション」

さて、この勇払原野の風物詩であるハスカップが苫東でなぜ移植や栽培がなされるようになったのか。理由は、大きくふたつある。一つは、ハスカップという地域特有のベリーが工業基地に大量にあることは、関連子会社（苫小牧興発）の業務として地域貢献できると判断した当時の専務・苫小牧事業本部長（道庁出身の浅井正敬氏）が、旧苫東会社の植樹会の付帯工事として、昭和48年頃から毎年500〜600本のハスカップの移植保存を決め実行してきたことである。これらはつた森山林内と周辺の空地に年度を分けて移植され、管理されてきた。そして果実はハスカップジャムとハスカップワイン、それとお菓子の原料として販売ルートにのって苫東固有の地域資源を活用した産品としてビジネス化されていったのである。

ハスカップが移植されるようになったもう一つの理由は、苫東Ｄ地区へのいすゞ自動車の工場進出と開発行為だった。ハスカップは、環境庁（当時）の「貴重植物」に指定されており、工業用地を造成するために手続き上必要な環境アセスメントを行う際に、貴重植物の「保全の措置」を明記しなければいけないのが発端になる。自生地が極めて限られるハスカップの宿命であろうが、この保全措置としては、

① 自生地の保全（＝開発そのものを中止するなど）

② 苫東基地内の移植保存

③ 自生する自治体および隣接する自治体等への移植

・住民への分譲

・企業、学校、団体への分譲

④ 全道の農協への分譲

があり、環境アセスメントを所管する道庁の担当部局とは②の方法を講じればそれを保全措置として見なすという了解を得た。ちなみに、ハスカップは開発予定地に群生しているため、①は不可能で、②の苫東の公園緑地予定地への移植、③と④は、苫東基地では移植しきれない分を「里子」に出すものである。最近の言葉で言えばミティゲーション※2（影響の緩和策）の一環である。ミティゲーションには一般に回避、縮小、回復・再生・修復、軽減、代替などの具体的方法があるとされ、保全緑地での保存は影響を回避して永久に残そうとする①であり、②③は地域内の再生に相当する。④はさらに広域の栽培という形態での保全にあたる。

ハスカップは、昭和48年に始まった旧苫東会社の植樹会の付帯事業として、毎年移植されてきたと述べたが、このストックがやがて子会社のハスカップ事業に供されることとなった。ハスカップ事業は、ハスカップの生の果実をジャムおよびワイン原料として醸造を委託し子会社が販売したもので、このほかケーキ等の原料として生で札幌千秋庵などに販売された。

移植が大々的なプロジェクトになった最大で直接的な契機は、やはり、いすゞ自動車の苫東立地である。具体的には、D地区という自動車関連用地150ヘクタールほどの用地分譲にあたって、苫東では、現在の高規格道路の北側のE地区で、湿地を埋め立てる土砂を採りながら南側のD地区に運び、切り盛りによって同時に二つの地区の開発行為を完了させるのが特徴である。ハスカップの多くは、このD地区に多かった。多いとは言ってもそれは太古からの湿原や原野ばかりではなく、苫東プロジェクトが始まる以前にすでに宅地開発されたところにもっとも数が多くヘクタール3,000本前後が生育していた。実際に、宅地分譲が行われたがハスカップが自生していた原野は、排水路と道路で格子状に区画があり、宅地ごとに番号や購入者の名前の書かれたプレートも立てられていた。原野状態だったから伸びすぎておらずハスカップは高さ１メートル前後以下が大半だった。

※２　ミティゲーション（mitigation）
開発による自然環境への影響を何らかの具体的な措置によって緩和することを意味しており、人間活動によるマイナスの環境影響を緩和するために、事業者に課せられるあらゆる保全行為のこと。

ミティゲーションの５つの概念と処置

○回避　特定の行為あるいはその一部を行わないことにより、影響全体を回避する。

○最小化　行為とその実施において、程度と規模を制限することにより、影響を最小化する。

○矯正　影響を受けた環境を修復・回復または改善することにより、影響を矯正する。

○軽減　保護・保全活動を行うことにより、事業期間中の影響を軽減・除去する。

○代償　代替の資源や環境で置換、あるいはこれらを提供することにより、影響を代償する。

● ハスカップの実態調査

旧苫東の「10年のあゆみ」の年表によると、いすゞ自動車の立地に伴うＤ地区第１次開発事業の工事アセスメントの確定告示は昭和56年２月なので、環境アセスメントは55年に作成と協議を終えていたはずだから、あらかじめ実施したハスカップ自生地のカ所と本数を調べた実態調査は記憶をたどれば54年頃に行われたと思われる。アセスの措置としての移植は55年10月に開始した。

筆者は環境アセスメントに自然環境部門で関与し、このハスカップの樹木実態調査では設計から現地の施工管理、そして基地内への8,000本移植、最後は市民や団体への分譲、全道の農協への分譲に携わった。この調査では、Ｄ・Ｅ地区の開発対象地だけで約15万本のハスカップが分布していることが判明し、いすゞ自動車の開発予定地だけでも約10万本が自生していることがわかった。市内の造園業者に発注したこの調査は、まさに人海戦術でカウントしたもので、カウントされたものはナンバリングされた。樹高30センチメートル前後の小さな個体は成木移植としては適さないことからナンバリングされていないものも多く見られたことから、実数は

15万本よりさらに多かったものと考えた方が実情にあっている。

旧苫東会社の「10年の歩み」では第３章の基盤整備等の「８．その他」でこの一連のいきさつは簡単に次のように記述されている。

「当基地内の各所に群生するハスカップは、スイカズラ科の落葉低木で、全道各地と本州の一部に分布するが、なかでも勇払原野とその周辺が最大であり、苫小牧、千歳などの住民にとって「ハスカップ摘み」と称する黒紫色の果実採取が初夏を飾る風物詩となっている。46年には苫小牧郷土文化研究会が苫小牧市及び市議会にハスカップの保護を要望しており、これを受けて苫小牧市は、小・中学校、公園等にハスカップ移植をはじめ、ハスカップ園の建設を行うなどハスカップの保護に努めてきた。

当社は植樹会の付帯工事として48年以降55年まで、継続的に工業用地予定地から緑地内へのハスカップ移植を実施してきたが、Ｄ地区の用地造成工事にあたり、工事に先立って希望者に分譲配付の案内をしたところ、申込みが全道各地から殺到し、その数は１市３町の住民より1,127件、各種団体から42件、地域外から192件に及んだ。

当社は55年秋にハスカップ8,000本（ほかにイソツツジ1,000本）をつた森山林に移植するとともに、同時に希望者に分譲配付を行ってＤ地区内の約37,000本のハスカップを整理した」。

● 里子に出したハスカップ

ハスカップは、このように昭和50年代の半ば、基地内の移植はそれなりに可能な限り行われたが、残りは基地外のニーズに沿っていわば「里子」に出されたのは前述のとおりである。内訳の資料はすでに紛失してしまって正確な数字は不明だが、大雑把な記憶では、市民に２万本、農協に５万本、そのほか、苫小牧市内の企業や学校などにも100本から数百本前後ずつ数千本近く、恐らく１万本が分譲されることになり、ブロックと掘り取り日を指定し現地での分譲に立ち会った。最終的な総数では８万本を超える実績になったと思う。

市民分譲への応対は慌しかったが、もっとも量の多いのが全道の農協関係で、地元の厚真、千歳などはもちろん、美唄市、大樹町、中富良野町、道東の標津、道北の士別からの応募もあったと記憶している。折からの減反政策で減反した跡地に栽培するもので、果実の売り上げと減反補助の両面でプラスだったようだ。農協を通じて農家が栽培したハスカップは、肥培管理がなされ、実が大きく酸味がなく甘かった。

特に印象に残ったのは幌延町の男能富(だんのっぷ)小学校からのリクエストだった。当時の事業本部長だった浅井専務の口利きで送ることになったのだが、北海道新聞がハスカップ移植事業のシンボルとして取材することになり、約100本近くをバンタイプの輸送車にコンパクトに積んで記者とともに北上した。無事小学生たちの待つ男能富小で引渡しと植え付けを済ませたことを、当時の北海道新聞は全道版で報道した。程なくして小学生からお礼の手紙が届いたのが思い出されるが、今はすでに廃校になったという。

また、市内では元代議士のNさんが庭にハスカップを植えたいという話が人づてに届いて、届けることになった。ハスカップはイチイやツツジなどと違って、美や形を競う園芸の上では評価は特にない。むしろ、立派な庭なら隅のほうに藪のように植えることの方が多いが、予想通り、N氏の庭はハスカップのような無役の潅木が入り込むようなものではなかった。庭の入り口には富士山の石だと言う大きな岩が苔むしてガンと居座って芝もある和風庭園だった。N氏に事情を話すと、ま、そうだな、ということでどこか端っこに仮植えしておいとました。

3．苫小牧興発㈱の取り組み

● ストックの全容

今になって考えてみると、ハスカップは上述したように苫東の「地域資源活用」というオーソドックスなプロジェクトをベースに、「土地造成に伴う保全」の行為が重なって、あるいは織り込まれるようにして一つの時代を作ってきたように見える。そして今、新たに保全の課題が出てきているが、これは最後の方で、NPO苫東環境コモンズが静かに取り組んでいるテーマとして展望を述べることにしたい。

そのうえで苫小牧興発という旧苫東会社の子会社（以下、興発）の取り組みを思い出しながら概要をまとめてみたい。興発は、親会社・苫東の植樹会でも移植とは別に、いすゞ自動車の立地が決まる前から、直営の作業員がD地区内から毎年数百本のハスカップ移植を先行して行っていた。目的は、地域ビジネスであり、ハスカップを原料とした想定できるあらゆるものにチャレンジするためである。当時は生食も市場に出回っており、生食の出荷も行っていたが、これは保存が難しく担当者は苦慮していた。またハスカップのジャムとワインを相当数作り、さらに挿し木により苗作りをして、小さなポットに入れたハスカップの苗も小規模ながら販売した。筆者はそのいずれにも親会社のスタッフとして協力するよう命があり、積極的に応援した。しかし、進め方はいずれも手探り状態であった。

今になって思えば、ハスカップのプロジェクトは、勇払原野の地域資源・ハスカップを素材にして文字通りの地域ブランドに挑戦していたことになる。これらは、当時の浅井専務のトップダウンで行われており、札幌千秋庵や小樽ワインの社長と浅井専務のつながりに負っていた。ハスカップのプロジェクトが念のいったものだったと言えるのは、商標登録などのために国税局のOBの方もプロジェクトに関わっていたことでもわかる。商標登録はしかし全くうまくは進まなかった。それというのはある法人がハスカップという名の付くありとあらゆるものを登録済みであり、ハスカップのジャム、ワインとも「ハスカップ」という肝心な名前が使えず、結局、「勇払原野といえばハスカップ」という因果関係にすがって「勇払ジャム」「勇払ワイン」という商品名になった。

一方、生食用の出荷は加工用として千秋庵がメインだった。千秋庵は、勇払原野産にこだわり、厚真産ではなく興発の勇払原野産をご指名だった。なぜかというと、パテシエがよその産地、たとえば美唄や千歳、厚真など肥培管理された実ではハスカップ独特の酸味がないというのである。霧が多く低温の勇払原野ではどうしても糖度があがらず、甘み以外の食味が目立ってそれが独特の風味を醸し出していたらしい。一般受けするように選抜されていくと恐らく粒が大きく、甘く、苦みの少ないものに収束していくのだろう。味はなにも甘いだけがいいとは限らず、そんな評価もあったのである。いわば、「雑味」が天然ハスカップの人気の秘密でありウリであった。

そんな評判にわたしたちはなにか大事な部分をほめられたようで誇らしかったが、ただ糖度が低いと言うことには思わぬ落とし穴があった。もう一つの主力製品であるワインを醸造するにあたって、勇払原野産のハスカップがもつ糖度の低さではアルコール発酵をしないことがわかったのである。小樽ワインではそのためなにか糖度を増す工夫をして醸造したと聞いた。

このようにして地域ブランドの一角を示したかのように見えたハスカップ商品は、苫東視察のゲスト用などに親会社に買い取られたり（無償譲渡という説もあり）関係者の購入に支えられて10年近く続いたような気がする。しかし、ハスカップの採集から加工まですべて人力に頼ったハスカップジャムは本体業務との関わりのなかで次第に重荷になり撤退することになった。また、このような製品開発とマーケットに直結した商いは、かなり強いリーダーシップと思い入れがないと継続できないのも世の常であり、浅井正敬氏というカリスマ性のあるリーダーが現場を離れた当時としてはこれもいたしかたない流れだっただろう。

●ハスカップに関する研究

大群落を敷地内に擁し、地域資源を地域ブランドまで高めようという息の長い取り組みが、旧苫東会社のもとで子会社・興発が中心になって進んでいったが、移植地をベースにジャムやワインを商品化し、挿し木苗も作り始めて一部は販売ルートにものった。興発はこれらにあわせてハスカップに特化した総合的な研究を、王子製紙㈱栗山林木育種研究所の千葉茂所長（当時）にお願いした。記憶をたどると、特に栽培に関するものに重点を置いてはいるものの、いろいろなことが何もわかってはいない状態だったので、基本的なことから始められたのである。例えば、ハスカップの実の形状と食味の関係、実の重量と形状の関係、果実一個あたりの種子数、種子の発芽、挿し木苗の作り方、発根の土壌条件別差異などのほか、育種研究所らしく、遺伝子に関する調査も行われた。これも確か昭和50年代半ばのころである。

Ｂ４版横のペーパーに青焼きされた手書きレポートは、栗山の研究所に何回かお邪魔して千葉所長や担当のＮさんらに直接内容をうかがった。たしか４年かそれ以上続いた研究だった。開発局から受託した緩衝緑地の緑化試験ですでにお世話になっていた関係で、話は苫東の植生だけに関わらずさまざまなジャンルに及んで非常に有意義な勉強をさせていただいた。栗山の研究所の手法は、手仕事でいろいろな実験器具を作ったり、まめに試験区を作って統計的な差を分析したりと、丁寧さに目を見張ったものだが、場合わけする際の視点も新鮮だった。例えば実生苗を作るに当たって、数種類の土壌を用いて種を蒔いたもの、実を埋めたものなどさまざまに条件を代えて結果を見るのだが、その中に、熟した果実をただ指で押して埋めた場合、というのがあった。自然条件に近い物理的な播種状態に当たる。これは果実から25本ほどの実生が発生していて驚いた。

平成20年代になって、NPOをつくる際の事業の柱のひとつはコモンズ(共有地）のように地域住民に利用されているハスカップだと踏んでいたわたしは、ハスカップのこの研究を思い出して、この調査報告書を活字にしておこうと考え、苫東新会社へ照会し、何度か旧会社時代に自分が残した資料を探させてもらった。ホコリっぽいプレハブ倉庫の２階に数回お邪魔したが、結局、見つけることはできなかった。興発の関係者も書類の所在は不明、王子の研究所で担当者であったＳさんと一昨年の平成22年、偶然札幌でお会いした折、資料のその後の消息を聞いたが、研究所の閉鎖の際にすべてが運び出されて行方不明、もう一人のＩさんも研究所に保管したままだったから持ち合わせはないと電話口で言っていた。ハスカップに関する実態調査の資料も同じである。経営破たんのドサクサで捨てられてしまったらしいが、本当にもったいない話だ。

● ハスカップジャムのラベル

いささかだけ絵心があったらしいわたしは、浅井専務から、子会社・苫小牧興発のハスカップジャム事業を応援するように言われていた関係で、ジャムのラベルの試作を繰り返した。その基になるハスカップの構図を得るために、早朝や霧の日など、美しい画像が得られそうな日を選んでハスカップの原野に赴き、たくさんの画像をフィルムに納めた。山関係の先輩でDPEの仕事をしていたカメラマンCさんにもお願いしていろいろな構図を収集した。そのなかから、もっともハスカップがハスカップらしく見え、物語性も匂う構図というものを探っていった。実はそれまで、ハスカップの図案化は、三つ星さんのものもさほど見るべきものがなく、もちろん典型的な図案はなかった。

そうこうしているうちに、簡単な図案に仕立てられることがわかってきた。左のパッケージなどがそうである。このそれらしさは、葉が対生で、腋から４つの実が出て時々３つになったり２つになったりするというハスカップの特徴をつかんだ上で描きあげないとデフォルメもできないのである。そこにようやくたどり着いて、もっともハスカップらしいものができあがった。残念ながらそのうちで最も秀逸なバージョンが今手元にはなく、子会社も消滅してしまった。

4．ハスカップのエピソード

● ハスカップは虫媒花なのか

ジャムやワイン製造でおもしろいエピソードがあったのは、その残渣である。ワインを絞ったかすは皮とタネである。そのハスカップの実本体には、たしか数十個のタネがあり、ワインの残渣は何十万、何百万という種子の塊であるはずだった。これを思いついて２年目頃からこの残渣を醸造元から引き取ることにした。一旦水に入れ、皮とタネに分離してタネだけを取り出し培土に播いてみると、80%近い発芽率だった。また、そのまま培土に埋めても発芽した。しかし、翌々年だったかは全く発芽しなかった。これは何を意味するのか。受粉の有無だろうか、それとも果汁を絞る工程になにか問題があるのか。あるときは高い確率で発芽し、あるときはそうでないという落差の原因は結局わからずじまいだった。

そもそもハスカップは虫媒花なのか、風媒花なのか、それすらどうもよくわからない。昼日中、昆虫が花弁に潜っているのをほとんど見たことがなかったからだ。たまにマルハナバチが潜って花弁を八つ裂きにしているのを見ることがあったがせいぜいその程度だった。昆虫に詳しいある方に聞くと、それは夜間に蛾が媒介しているかもしれない、というので開花時期、夜のハスカップ畑でじっと観察してみたが蛾らしいものはまったく発見できなかった。結局、わたしには不明のままだ。

ただひょんなことから受粉と発芽は関係がなさそうだということがわかった。オレゴン州立大学で勇払原野産のハスカップを栽培しているMさんが、向こうのハスカップの様子を知らせてくれた写真と説明の中に、ハチドリがハスカップの蜜を吸っている画像があり、その際の説明では、オレゴンではハスカップの開花は2、3月であること、その時期、昆虫はまだ発生していないということだった。興味深いことだが、それでも果実は毎年できる。

●いすゞとハスカップの因縁

ハスカップの最も大きな群生地は苫東計画のD地区にあった。いすゞ自動車が進出したのは、このD地区が土地利用計画で自動車関連用地に位置づけられていたからである。たとえばトヨタ自動車でも日産でも可能性はあったのだから、いすゞとD地区に特に因縁めいたものはない。しかし、あのとき妙なことに気がつき、わたしはやはり因果があるのではないかと思うようになった。それは立地したいすゞは「ジェミニ」という小型のセダンを量産し始め柏原の工場はそのエンジンを製造してきた。ジェミニは日本語では双子座という星座名である。ハスカップはしばしば、あるいはほとんどの場合、葉っぱの付け根（葉腋）に双子のような実をつけるのである。「ふたつ」にまつわるのはそればかりでなく、一つの実を横断すればわかるが、1個の実はふたつの実がくっついてできているのである。属名のヒョウタンボク属というのもそこから来ている。ハスカップのそばでよく見かけるベニバナヒョウタンボクもそうだが、1個の実はひょうたんのようにふたつが合体している。簡単に言うと、葉の付け根には2個ずつの花が片側1、2対（つまり2個〜4個）ついて、結果的には実が片側1個か2個になる。花の咲く時期から実がなるまで観察していると、この意味はよくわかる。

双子のような花と実、そこにふたご座・ジェミニを生産する工場が建った。わたしは密かにこの巡り合わせに有頂天になって、いすゞ苫小牧工場を「ハスカップ工場」と呼んだらどうかと関係者に提言したものだ。しかし、まったくそのような動きにはならなかった。

●いまわの際に望まれたハスカップの塩漬け

食味エピソードの一つは、ハスカップの塩漬けである。これは上厚真のSさん宅でいただいたのが最初だった。地元の方にはとりわけ風土色の豊かな食べ物といえ、おにぎりに入れたりするから、梅のない勇払原野あたりでは梅干しの代用としていたようだ。日の丸弁当の真ん中に入れるとまさに梅干しのそれと見分けが付かないが、酸味が強いのでアルマイトの弁当のふたが溶けるのだ、とSさんは言っていた。

また、知人のおばあさんが亡くなる前、家族がおばあさんになにか食べたいものがないか聞くと、「ハスカップの塩漬けが欲しい」というので用意して与えたら、さも満足したようににこやかな顔をして息を引き取ったという。風味なのか土着性なのか。ひょっとすると胆振の勇払原野の開拓などに関わった人々にとって、ハスカップの塩漬けはソウルフードなのではなかったのかと想像した。

この頃になって筆者も塩漬けやしそ漬けを漬けるようになった。そこでわかったことだが、ハスカップは口の中をリフレッシュさせるときに、格好の材料だと言うことである。下の上にのせ、かんでみるとシュワーっと広がる独特の酸味、苦み、渋みなど、いわゆる「雑味」。それらが、口中の不快感を一掃してくれるのである。人生の最後において、ハスカップの塩漬けを食べたいとリクエストしたおばあさんの本心は、あるいは闘病で大分不具合を来したかもしれない口中を、勇払の風のように拭き清めたかったのではないか。

● 湿原のスピリチャリティ

ハスカップの塩漬けがソウルフードではないか、と思ったことを書いたついでにもうひとつ不思議な体験を書いておきたい。恐らく昭和50年代の後半、わたしがいすゞ自動車の土地造成に伴う環境アセスメントの追跡調査をしていたころである。調査の要点は開発によるいすゞ南側の湿原植生の変化を調べるもので、いすゞ自動車の工場南側の道路用地からほぼ直角に1,500メートルほどのラインを海に向かって張り、その両側1メートルの範囲に出現する種を記録して経年の植生変化をみていくものだった。土地造成を始めた頃から、数年、毎年一回、C地区と呼ばれていた、水でビチョビチョの湿原（現在の河川内遊水地予定地にあたる）に単身入り込んで、数日、びっしりと種を野帳に書き込み、わからない種は袋につめて持ち帰って調べていた。

そうしたある日、ヨシ・イワノガリヤス群落の真只中で立ったまま休んでいると、そこを吹きぬける風がリコーダーのように感じられた時だった。この今いる湿原とそれを取り巻く植生、柏原という原野、それらに土地の神々の気配がしたのである。樽前山神社は「山」と「森」と「原野」の神々を祀っているものとあとで知ったが、その中の森と原野の身近な神々ということになるのだろう、確かに土地には神がついていて、自分がその土地と一体になっている感覚だった。氏神さまである。別の表現で産土（うぶすな）と呼ぶ。産土は、わたしに「お前はこの原野と一生付き合いなさい」と言った。それはまた、不思議な幸せな感覚でもあった。

どうしてそのような感覚になったのか。自然の畏れの湿原版というところだろうか、わたしにはとにかく初めての感覚だった。山々や森林や海に感じた自然とひとり向き合ったときの敬虔で崇高な祈りのようなあるもの。それをわたしは初めて湿原でもっと強烈に感じ取ったのだった。１万年ほど前は海だったという一帯の地質年代を思い起こしながら、開拓に入った人たちの労苦を偲んだ。

わたしは今、人間の最高の幸福は何かときかれたら、土地とのつながり、と答えたい。土地の産土に守られているという感覚は何物にも代えがたい。これは八百万の神を感じる自然度の高い土地の特典であり、ビルの林立する都会では無縁である。人は自分が今息づき愛着をもって暮らしているその土地を、自分がつながっていると感じることで豊かな「ひとり」になり、本当の自分を知るのである。わたしはそのことをハスカップの原野で学んだ。

● ハスカップは海から来た!?

平成27年、阿寒の前田一歩園を視察した帰りに、釧路湿原に自生しているというハスカップを見に行った。ガイドの方からあらかじめ聞いていた木道の地点番号周辺を探すと、確かにハスカップは数本あったが、７月初めなのに葉はまばらで実は長さが５ミリメートルほどと小さく、ほとんど実はついていなかった。木は枝も少なくきわめて貧弱で、自生地は深さ５センチメートルほどの水たまりの中だった。もちろん、群落と呼べるものではなかった。

霧多布湿原のNPOの理事長で地元生まれのＳさんに聞くと、霧多布にもハスカップはあるが、実を摘みにいくようなまとまりはなく連れ立ってハスカップ摘みをするような習慣はないとのことだった。白糠の恋問湿原、大樹の晩成湿原にもハスカップが生育しているとされるので行ってみたが、見つけることはできなかった。

千歳は空港の一帯に群生していたらしく、今は南千歳の一部に残されている。ここは苫東の勇払原野とは違い、シラカバやカシワの林の中に自生していて、かつ、密度もヘクタールで2,000本以上あるとみた。が、一帯は平成27、28年ころに太陽光パネルのメガソーラーの用地に造成されてきれいになくなった。恐らく千歳に残された最後の群落ではなかったかと思われる。地元の新聞社に聞くと、この100ヘクタール近い群落がなくなろうとするときに、千歳市民の間では反対運動めいたものは起きなかったとのことだった。

途中はやや省略するが、ハスカップ自生地の群落は、現在苫東の中が北海道一、つまりは日本一のまとまりをもつ群落といわれてきたのは、どうやら本当ではないかと思う。また、市民とハスカップがハスカップ摘みという形でつながっているのも、ここ苫東周辺の勇払原野だけなのではないか、と確信めいたものもうまれてくる。

であればもっと別の付き合い方があるのではないかと考えていたころ、北大の星野洋一郎先生から、勇払原野のハスカップは、釧路のハスカップ遺伝子が２倍体なのに反して４倍体であり４倍体は２倍体に比べて環境適応性が高いというお話を聞いた。確かに勇払原野では、ビチョビチョの湿原にもミズゴケの小さなでっぱりにも、さらに半乾燥の原野にも千歳のようにカシワの映える火山灰の台地にも自生している。だから、生育地を選ばないほど適応力があることは理解できる。

しかしそれらの種子はどこから来たのだろうか。シベリアから鳥が運んできたと言う説は信ぴょう性がない。わたしはアムール川上流にあるハスカップが、オホーツク海を経て釧路湿原にたどり着き、そこから千島海流に流され太平洋岸を西へ進み、勇払原野にたどり着いた、そして釧路では２倍体だったハスカップが移動中の刺激によって４倍体になったのではないかと仮説を立てて楽しんでいる。それらは7000年ほど前、勇払原野が海から陸に代わっていく頃に種子が定着したのではないのか。オホーツク沿岸に自生していないのは、一帯の沿岸には海退による湿原がないからではないか。

この発想は、実は勇払原野のハスカップ・サンクチュアリでハスカップの枯死状況をGPSで調査しながら思いついた。サンクチュアリ周辺は、一見平坦な湿原や原野に見えるがそうではなく、小さな砂丘状の高低があり、ハスカップの自生もその微妙な高低に影響されている。その砂が海、つまり海流に起因しているわけで、その砂にハスカップの種子が混じっていたと考えられるわけだ。この発想はハスカップ・サンクチュアリを足で歩いてみると少しわかってもらえそうな気がする。こうしてハスカップは環境適応力を獲得したために海沿いの湿原から、昔は海辺で今は標高30〜40メートル程度の南千歳の台地あたりでも生育するようになった、と考えるとハスカップの故郷はぐんと想像しやすくなる。思い込みとは恐ろしいものだ。数年前、欧州に旅行する際、アムール川の上空を通過した時、わたしは自然と「おお、ハスカップの故郷」とつぶやいていた。

5．まとめ　〜ハスカップの後見人とサンクチュアリ〜

NPO 設立時の事業の一つにコモンズのようなハスカップ保全をすえてから、地元の方々の動きを含めたハスカップを取り巻く現状を観察、勘案していてわかってきたことは、ハスカップには現状と将来を的確に捉え対策や展望を語る人、いわば後見人がいない、ということであった。頭のどこかにハスカップという思い出やボキャブラリーを持っているレベルから、乾燥化して勇払原野から姿を消すかもしれないと言う郷土としての危機感を持つレベルまであるが、後者の方は極めてまれになっているというのが現状だ。それはもし、たまさかなにか保全の思いをもったとしても、市民としては危機状況をなにかで発信する以外どうすることもできないという面もある。

一部では東日本大震災のがれき受け入れに反対する理由として、市民の口に入るハスカップが被爆するというロジックで、ハスカップを盾にして受け入れに反対する運動の話もあった。がれきが来なくなってからの代替案としてハスカップ原種を保存する、付加価値の高い運動を展開しようとする案もお聞きした。NPO 苫東環境コモンズは、設立の当初からハスカップ・サンクチュアリの考え方を事業計画の中に謳っており、いささかもの悲しい感触も含めてサンクチュアリ（聖域）に仕立てたいと考えていた。とりあえず、目先の運動論や計画論の渦中にさらさないで、勇払原野の風土と産土に思いをはせる「よすが」とだけしておこう、という控えめな枠組みであった。

そんな思いから、サンクチュアリの第一歩を現況把握と記録保存の準備に当てた。そのことは最終的に、ハスカップを見守る後見人の眼差しに結果的に少し近づくことになるのかもしれないがほんの端役にしかならない。ハスカップ後見人は自生するハスカップの身内側であって、ハスカップを何かに利用する側と必ずしもイコールではない。勇払原野で生まれ、育っていくうちに原野が生産する老廃物が積もって乾燥化していき、自分の生息域が狭まっていく遷移という生物世界において、ハスカップはやや悲しい運命に身を任せながら、新しい生命の場をこれまで同様、社会の流れに委ねるしかないだろう。今の段階では滅びるのもよし、湿地の片隅で細々と生き延びるのもよし、もちろん、ハスカップ移植地で更新の可能性が引き継がれることを大きな前提としてある。しかし最も可能性が高いのは、千歳のように樹林地でたくましく自生する状況ではないだろうか。その意味では、自生するハスカップのサンクチュアリ一帯が、遊水地的な役割を持って保全される意味は非常に大きいといえるだろう。超長期的な視点で観察が可能になるからである。

NPOにとってのハスカップはそんな関係でありたい。不動産業としては原野はお金に替わるフローであるけれども、不動産業の旧苫東会社は、地域開発というミッションの延長で郷土種ハスカップを保存し、広大な自生地を保全し、地域ブランドの守り手、まさに後見人のひとり、力のあるステークホルダーであった。世間の多くの市民は、メディアがかつて言っていた「大企業優先」で「公害垂れ流し」と前宣伝された開発が、実は総合的で自律的な地域開発であり、長期的に見れば地域経済を現実的に発展させる起爆剤になってきたことには気づいている。しかし、まだまだ歴然とした地域合意にはなっていないように思う。

今となってみれば、かつての旧苫東こそ、最後に残された自生地の所有者で、かつ、強力なリーダーによってハスカップに積極的に取り組んだ後見人のひとりだったのは間違いがないように思われる。このミッションを持った法人は消滅したことから、「ハスカップ後見人の不在」は始まったのである。後見人であり続けることは社会貢献CSRであり、地域からの信託である。基をさらにたどれば、公的な性格を持った第3セクターという法人がこの土地を包括的に所有したことによってはじめて、ハスカップを市民が自由に採取できる「コモンズ」になり得たのだった。排他的ではない、地域共有財産の持続性を担保するルール化、合意形成も必要になる。これがこれからどういう管理と利活用がなされるのか、興味深い。

わたしたちNPOにとっては、ハスカップは当初から苫東のコモンズのシンボルであった。この稿も、その経緯を振り返り自ら立ち位置を再確認するために書き始めたものである。私的所有、公的所有に関わらず、ハスカップのコモンズはこれから新しいステージに入る。さしあたって、1970年台のハスカップの現状については数々の自然環境調査で明らかにされており、昨今は遊水地の計画の検討資料としてハスカップの分布について、かなり専門的に調査されているように聞いている。この間の、40年間の調査の足取りはほとんどが失われたが、これは潔くあきらめてこれからのハスカップに関する調査と蓄積に期待したい。

第3章

ハスカップのお菓子の歴史

市民の中には、よそにお土産を持っていくときに三星のお菓子を選ぶ人は多いようだ。当NPOでは、ハスカップを用いたもののみを自分で選び詰め合わせてお使い物にする。その際、「よいとまけ」を入れないとやはり落ち着かない。時々、新製品も登場する。

苫小牧市美術博物館企画展
「ハスカップ―原野の恵みと描かれた風景―」関連イベント

苫小牧郷土文化研究会主催市民講座講演記録

「よいとまけ」と三星

平成28年２月14日（日曜日）開催
参加人数　85人
共　　催　苫小牧市美術博物館
講　　師　株式会社 三星
　　　　　元社長室長　白石幸男氏
進　　行　苫小牧市美術博物館
　　　　　主任学芸員　小玉愛子

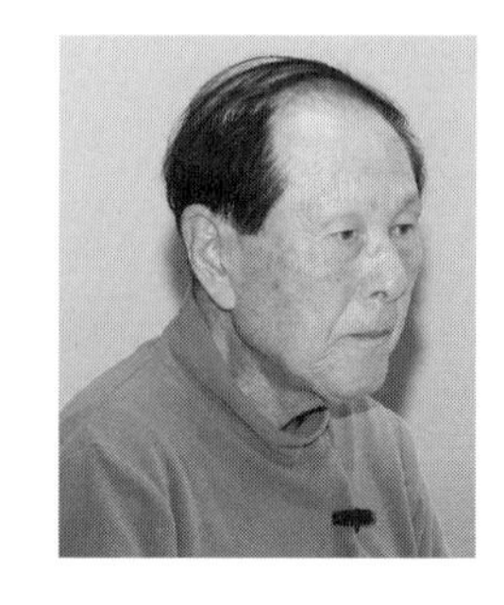

（以下、敬称略）

○ 苫小牧郷土文化研究会会長・山本融定氏からご挨拶と講師略歴紹介

山本　雨の中こんなにもたくさんお集まりいただきまして誠にありがとうございます。白石さんについては皆さんの方がよくご存じでないかと思いますので、くどくど申し上げることもどうかと思います。一応、お聞きした点だけを簡略に申し上げたいと思います。

昭和２年に白石さんは東京でお生まれになり、昭和23年に法政大学の経済学部を卒業されたそうです。その後、丸善本店にお勤めになって、当初、金子光晴を含む４人で立ちあげた「コスモス」という詩の同人誌があり、白石さんはその同人でした。これは誰でも入れる同人ではなかったと聞いていますけれども、室蘭の吉田さんも当時は東京にいた白石さんとともに同人だったそうです。

そういうよしみでたまたま昭和28年に室蘭の吉田さんのところに遊びがてらに来たら、道教委の室蘭の支庁の方から、「ぜひ厚真の中学校に行ってほしい」と依頼を受け、厚真の中学校に２年間奉職されたそうです。昭和28年に苫小牧高校が苫小牧西高校になったり西高が焼けたりしておりまして、商業科と家庭科になりまして、その商業科の先生として迎えられて、昭和39年までお務めだったそうです。39年に三星の福原専務に迎えられて三星に入られたと、こういうご略歴のようです。当然経理のほかに、宣伝といいますか手書きの広告を手掛けられています。私は、誠に失礼ながらどうしてあんなものが書けるんだろうかというふうに感じておりました。そしたらやはり、「コスモス」の同人だったんだと。詩人なんですね、簡単に言うと。詩人であるがゆえに北海道まで流れてこられ、ちょっと失礼ですけれども、よくここまで来られて、あそこに書かれ私たちが何気なく読んでいたあの三星の宣伝文も、やっぱり何となく心に残るものがあったのではないかと思います。ですから今日、ファンの方もこんなにもお集まりなんではないかと、そんな気がしています。

誠に簡略ですけれども、白石幸男先生の略歴を申し上げて、私の紹介は終わらせていただきます。ありがとうございます。

●「よいとまけ」の創始者・小林正俊について

白石　白石でございます。夕べから大嵐になると聞いていまして、一人もおいでにならなきゃいいのになと思っておりました。そしたら今日は天気が悪いのにこんなにおいでになっちゃって、困っちゃったなと思っております。

まず、「よいとまけ」を創り出した小林正俊という人間についてお話をしたいと思うんです。小林正俊は昭和41年に53歳で亡くなりました。葬儀は彼が一番愛していたところだから、あの三星の本店の駅前のあのお店でやろうということで行いました。お呼びもしないのに1,500人の市民の方がおいでになり「ああ、こんなに愛されていたのだなあ」という感じをしております。

三星ができましたのは明治35年のことでございます。小林慶義というのがおりまして、慶義が弟の末松を呼び寄せて、慶義の長男の幸蔵というのが三星を始めたわけでございますね。最初に申し上げちゃいますが、小樽で小林というと小林多喜二じゃないかと言われるのですが、多喜二は慶義の弟の末松の次男ですね。兄貴は多喜郎さん。多喜郎さんは幸蔵の小樽の店で働いていたのですが本当に早く、４カ月で亡くなってしまいました。それでこちら側とはあまり縁がなくなってしまったんですね。

多喜二さんは小樽商業（今の緑陵高校）の５年間、三星の店で店員に交じって働いておりました。住み込みでやっていたんですね。多喜二の弟の三吾さんというのは東京交響楽団の第１バイオリンの奏者です。そういう家なんですね。

小樽で店を始めましてから10年後です。小樽の店が軌道に乗りましたので慶義という男が次男の俊二を連れて苫小牧に来てそこで「小林三星堂」というのを始めました。それが明治45年のことです。父親の慶義と俊二と２人で始めたのですが、俊二は今で言う単身赴任ですね。翌年の12月30日に正俊が小樽で産まれています。それから合流致しました。

三星という名前は、ここみんなクリスチャンなんですね。コリント人への手紙というのが聖書の中にありますが、そこの第一の手紙の中で「いつまでも存在するものは信仰と希望と愛である。その中でも最も大いなるものは愛である」という言葉がございますが、そこから取ってキリスト教会の仲間の方たちが三星という名前を付けてくださいました。大分後になりますが、正俊は三星のマークを「仕事に惚れ、郷土に惚れ、女房に惚れ」で三惚れマークと言っておりました。最後の女房の話はちょっと怪しいのですが（笑)。彼、なんか奥さんに頭が上がらないことがあったから、そういうことになったんじゃないかなと僕らは勝手に考えています。

そういうわけで正俊は大正元年の12月30日、産まれたのも人騒がせな日に生まれました。産まれた翌年、お母さんと一緒に苫小牧に移りました。それから成長するに従って小学生の頃は父親がやっていた店を手伝ったり、あるいはそれを売り歩いたりということで、厚いハトロン紙でできた小麦粉の袋がございますが、本人はその首の所をくりぬき腕を出しまして、その粉袋を着てずっと生活をしておりましたね。そんなかっこうのまま荷車をひいて遠く白老、こっちは勇払の方までずっと売り歩いたと言っております。

学歴ということではないですが、当時の苫小牧東尋常高等小学校の高等科を卒業しまして、本人は学校に行きたかったのですが、親が許しませんで、そのまま家業を継ぐことになりました。それから東京の一流のお菓子屋に行って修行をしたりで色々勉強を続けたんでしょうが、戦争中、帯広の軍需乾パン工場というのがありまして、そこの工場長として赴任させられまして、しばらく戦争が終わるまでそこで働いておりました。

三星の小樽の店ですが、当時、パンといっても食パンです。食パンとお菓子を売っているんですが、パンなんて全く売れなかった。買って下さるのは小樽のあのホテルですね。そのホテルと、それからたまぁに小樽に入港する海軍の軍艦が大量に買って下さったということで、誇らしげに帝国海軍軍艦御用達と書いてあります。でも、結構景気は良かったとみえまして、当時初めて入荷したフォードの車なんかを買いましてね、小樽の町を走り回っていたといいます。

戦争が終わり、正俊は苫小牧に帰ってから色々なものを試作をしておりまして、「懐中じるこ」とか羊羹なんか作って売っていたんですが、名前が「懐中じるこ火山灰」というんです。羊羹も「火山羊羹」というんです。本当に、名前を付ける才能がないんですね（笑）。

そんなことでおりましたが、しかし研究熱心で一生懸命、今のここで作っている菓子やパンには飽き足らないものがありまして、何としてもケーキを作らなきゃならないと、洋菓子を作りたいという一念がございました。

● ハスカップを使ったお菓子に取り組む

店を一歩出るとその頃はハスカップいっぱいの群生地でしたから、そのハスカップを使ってお菓子を作りたいと色々研究をしていたんです。水飴に入れたり、羊羹に入れたりすることができたんですが、洋菓子を作るためにはどうしてもハスカップをジャムにしなければいけないわけです。それで、ジャムを作るのにものすごい工夫をしたわけです。なぜかと言いますと、まず酸味が強すぎる、それに木によっては苦みもあるんですね。

それと一番は漿果ですから、つぶれてすぐ果汁がピュッと出てしまうと、残るのは皮だけなんです。これ余談ですけれども、「ゆのみ羊羹」なんか売っておりますとね、ハスカップの皮が羊羹に入っておりますから、蝿が飛び込んでいるぞというような苦情が随分ありました。これ蝿じゃないんですよ、ハスカップの皮ですと説明するのに本当に、随分困りましたですね。そういう覚えがあります。それと、最大の欠点はハスカップはペクチンがないんです。だから粘りがないんですね。実際やった方はご存じだと思いますけれども、ハスカップのジャムを作ろうと砂糖を入れたって、さらさらのものができるだけです。今、あちこちでハスカップのジャムを売っておりますが、それぞれどうやってとろみを出すかというので苦労されていると思います。うちも作っていますが、企業秘密になっておりまして、これだということはちょっと申し上げられないですが、酸味と皮だけ残るということと、ペクチンが足りないという、これらを何とか克服しなければジャムができあがらない。

で、とにかく懸命に試作を続けまして昭和27年でしたか、「よいとまけ」の原型ができあがりました。ロールカステラを作って、そのカステラを作るにもカステラの硬さとかも随分苦労したのですが、そしてハスカップを巻いただけにすればいいのに、上の方までハスカップをざぼざぼかけたものですから、もうものすごく食べにくいお菓子で、そういう点では苦情が殺到致しました。切れば包丁がべとべとになるわ、手で持てば手がべとべとになるわ。そういう始末の悪いお菓子でしたが、じゃあ何とかしろと言うのでオブラートを上にかけたのですが、しかしオブラートをかけたって、もう溶けちゃってダメなんですよね。

でも最終的に、この形で発売を開始しました。試作品は昭和27年にできあがっておりますが、翌年から季節限定ということで、ハスカップのできる時期に限って、このよいとまけを発売致しました。その頃の事情を申し上げないとお分かりいただけないんですが、戦争中ですからね、砂糖、小麦から油脂から全部統制の時代です。国が全部を握っていて、それを配給するということです。昭和27年くらいに、まず乳製品が統制を解除され、その翌年に粉、小麦粉と砂糖が解除されましたから、よいとまけを彼が売り出したのは、それらが解除された直後ということになります。相当、頑張っていたと思います。

で、そうやって作っているうちに、さっきの、正俊の父親が亡くなりましてね。今までの三星を全部背負い込むことになりました。「我好敵手を失えり」と言って嘆きましたが、父親もけっこう色々研究熱心な菓子屋だったと思います。

●「よいとまけ」の原型と原風景

正俊は、とにかくハスカップを使ったお菓子を出したいと考えており、そしてそれを作るにあたっては、王子製紙の丸太巻きの作業、朝から晩まで、日が昇る朝早くから日没までずっとこの丸太を積み上げる「よいとまけ」のかけ声が、あの頃ですから村ですよ、もう村中に響いておりまして、子供たちはみんな、この掛け声が聞こえると朝だし、聞こえなくなったら早く帰らないと家で叱られるというような所まで、とにかくこの掛け声で１日を暮らしていたようなものですね。

「よいとまけ」ですから彼の頭では、ハスカップのジャムを作るということと、形は丸太の形をしたものにしたい、名前は「よいとまけ」にしたいと考えた。この３つは、もう彼は、何としても持っている。いわゆる原風景みたいなものですから。そうやって「よいとまけ」の原型というのができあがりました。

で、正俊は親の代の三星を全部引き継ぎまして、それからすぐに隣の店を改造して、三星キャンディーセンターというお店を出しました。当時は、お菓子の値段がものすごく高い。当たり前ですよね。問屋も３つくらい通してお菓子を仕入れるわけですから。お菓子の値段が高いことを彼は一番悩んでおりまして、どこで仕入れた知識だかよく分からないんですけれども、大量に仕入れればいい、人手をかけないで売ればいいと、そういうスーパーマーケットの理論ですね。

今、歴史を見てみますとスーパーマーケットの理論が日本に入ってきたのは、彼が三星キャンディーセンターを作ってから10年も経ってからですから。そんなに前からそういうことを考えて実行したわけです。お菓子は貨車でどんどん仕入れました。お客さんに全部お願いしちゃって、お客さんは自分でいろんな菓子を自分で計って、最後に計算をするところだけ店員が２～３人おりまして計って「いくらです」ということで、お菓子の値段は今までの半分以下になってしまったんです。そういうことをやったものですから、それまで父親の俊二は苫小牧菓子組合の組合長をやっていましたけれども、それを辞任せざるをえなくなるくらい、とにかくお菓子の売り方についての革命を起こした男です。三星キャンディーセンターはおかげさまでものすごく繁盛しておりました。

● 洋菓子へ、まずイチゴショート

すぐに彼の頭はもう、洋菓子の方に移りまして、何とかしてこの洋菓子を皆さんに食べていただこうと始まったのが、イチゴの載ったショートケーキの発売です。ショートケーキというのは終戦後ですね。進駐軍が帝国ホテルを全部接収しておりまして、その帝国ホテルの食堂でディナーの後で出てくるものだと言われておりました。それがいつの間にか我々の業界にまでしみこんで、ショートケーキっていうものがあるぞ、ということになったんです。ふわふわでクリームいっぱい付けて、その上にイチゴを載っけるという、それだけのことですが、当時はそれを売り出したのは先ほど申し上げましたが、小麦粉と砂糖の統制が取れて、乳製品も取れた。その年にもう、彼はイチゴのショートケーキを作って売り出しました。

当時、ショートケーキなんて大変しゃれておりまして、アメリカの香りがするお菓子だなんて大したみんなに喜ばれましたけれども、昭和37年ですね。真冬に売り出しイチゴを載せた。彼の並々ならぬ苦労したところなのですが、当時は飛行機を使い空輸でイチゴを取り寄せました。特別なお店を見つけてきましてね。それで１年中切らさないでイチゴが入るという道を付けてまいりまして、そしてイチゴのショートケーキというのは、とにかく真冬に、しかも北海道でよくできるなということでちょっと大変な、センセーショナルなことになっておりました。これは、自分でできることでご家庭の皆さんに喜んでいただきたい、幸せをお届けしたいという、小林正俊の心の底からの願いですね。それで、イチゴを空輸して作り続けました。苫小牧に住んでいるから、こんなおいしいものが食べられると言っていただきたい、そう思っていただきたいという一念です。

その後にやったのがソフトクリーム。ソフトクリームはお買い上げのレシート100円分集めていただくと10円でソフトクリームを召し上がっていただくというソフトクリームサービス券というのを始めました。当時ソフトクリームは１つ120円で売られておりましたから、それをいくらレシートを持って来いと言ったって10円で売るんですから、とにかくやること滅茶苦茶なんですね。でも、それを１個10円でずっと売り続けました。恐らく、当時の苫小牧の人たちには、ソフトクリームは誠に身近なものに感じられたと思います。

● 経営と広告

そういう人間ですから、決算はいつでも赤字です。赤字がずっと続いていました。それでもつぶれないできたのは、正俊を心底理解して支えてきた福原周一さんという人がいたからです。個人のお店の時には支配人、株式会社になってからは専務になられましたが、その方が陰で支えて、とにかく借金しまくって正俊の思うように仕事をさせたから。大体事業で上手くいったという方の話を聞いてみますと、例えばホンダの車もそうですが、本田さんに藤沢さんという方が付いていたように、必ず２番目に偉い方がおりましてですね。そういうことで福原さんという方がずっと、赤字の会社を支えておりました。今でしたらもう、赤字なんてことは許されませんですね。銀行が金貸してくれないし、税務署が第一、もう、そんなことはあるはずがないと。あの当時からよく税務署の方が来られまして、帳簿なんか調べておりました。これだけ売っていて、赤字ということは考えられないということで。でも、本当に赤字だったんですね。もう、ああいうバカなことばかりやっていますから。

その当時は、皆さんにお知らせをするという方法はチラシしかなかったんです。で、店を続けるにあたりまして正俊は、新聞の折り込みチラシを、それもほとんど毎日のように入れるという、こう、滅茶苦茶なことをやらされまして。初めはチラシも活字でひろってもらっていたんです。

でも、版ができるころには正俊は、いや、ここはもうちょっと直せ、ここはもうちょっと安くするわ、というようなことで、また全然使い物にならなくなって、印刷屋さんも困るしこっちも困るし、最後にどうしたら良いんだろうということで、印刷屋さんに行きまして、ジンク版という、鉄板みたいな、屋根の板みたいな、トタン板みたいなものですが、その上に墨で字を書いて、それをそのまま印刷して刷れば、４時間でできあがるというのが分かりまして。活字拾っていくと３日間かかるのが、その方法だと４時間でできるということで、福原さんは初め一生懸命そのジンク版の上に書いていたんです。ジンク版に書く筆というのは、書きにくい筆でしてね、おかしな字で書いてあるのはそのせいもあります。

そうしますと４時間でできあがるので、何とか毎日のようにお客様にお伝えすることができた。正俊が言うには、三星のチラシを読まなきゃお客さんが損をする、読めば必ずお客さんが得をするんだと。そういうチラシを作れというのでもう、本当に書く方は一生懸命頭を絞りました。

三星のキャンディーセンターができた次の年から、正俊は小学生図画コンクールというのを始めたんですね。かけっこの早いやつは運動会で賞をもらえる、頭のいいやつは学校から賞をもらえる。だけど絵の上手いやつで賞をもらったやつがいないということで、子供たちに絵を描いてもらって、それでコンクールをやった。もう描いてくれた人全員をバスに乗せてあちこち遠足に行ったり、そういうことをやっておりました。その頃ですが、お菓子も次々に新しいものができまして、ポンエペーレというお菓子もできました。エペーレって、クマの頭がのっかって、下がスポンジケーキになっておりますが、これはあんまり、ちょっと凝りすぎてしまって、評判良くなくて、じきに消えました。けれども、頭の方のおまんじゅうで、それにチョコレートをかけたものだけは今でもポンエペーレで残っています。

正俊は、なかなかひょうきんな人で、ある日、白老に行きまして、アイヌの方に会った。今考えたら宮本エカシマトクさんなんです。エカシはクマをエヘベレと言うんですよ。それに対して、正俊がクマはエヘベレじゃないぞ、エペーレって言うんだぞっていうふうに言いましてね。そしたらね、宮本さん、ああいう方ですから、次の日から「クマはエペーレ」と言ってくださったんですね。そういうような時代。今だったらそんなことしたら大変ですけどね。そういうことも通りました。

● 日本橋三越本店で「よいとまけ」を売る

で、三星の「よいとまけ」が少し売れ始めて、ずっと連続して作ることが出来るようになった頃に、どういうわけか三越の本店からお声がかかりました。三越本店の1階の入った所の一番良い所にケース2つ、10日間お借りすることができまして、そこで「よいとまけ」の宣伝、販売をやることができたんです。

それまで色々苦労して、豆本、これを作りましてね。千歳空港でお客様にお渡しして読んでもらったりしていたんですよ。チラシなんか配ってもお客さん、受け取ってくれませんから、どうしたらいいかって、豆本なら何とかなるんじゃないかって考えたのです。本当に実物はこんな小さい本です。それを作りまして、空港の中で飛行機に乗るお客さん、飛行機から降りてくるお客さん一人一人に受け取っていただいて、どうかお選びいただきたいと配ったり、色々宣伝的には苦労をしていました。けれども、三越さんがどうして見つけてくださったのかちょっと分からないのですが、とにかくそこで「よいとまけ」の宣伝、実演販売をやれということで始めることができました。

そこで正俊は白老に行き頼み込み、宮本エカシマトクさんにアイヌの正装をしていただき帽子をかぶって、もう一人の方とお二人で10日間ずっと三越の売り場の前に正装して立っていただきました。その頃、ハスカップなんてどうやって説明してよいか分からないと大変困っていたんですが、しょうがないから、アイヌたちが不老長寿の薬の実として昔から珍重してきた実であるというようなことを書きましてね。嘘なんですよ。でも、そういうことでも言わないと、ハスカップって説明のしようがないんですね。

天皇が苫小牧においでになって、支笏湖にお泊まりになった時に、王子さんからハスカップを使った何かをお渡しするようにと言われまして、ゼリー状のものにハスカップを４〜５粒入れたこんな小さい物を食べていただいたのですが、その時も、ハスカップっていうのを説明するための台本を書きまして、係の人にそれをお渡しして、ちょっとご質問があったらこういうふうにして答えてくれと言ってお渡ししたんですけど、陛下はですね、そのお菓子を見ると「あ、ハスカップだ」と言われたんですよ。あ、そこまでハスカップは名が通ったかと思って、本当、とってもうれしくなりました。

そんなことで、とにかく、多喜二もそうですし、有島武郎もそうですが、正俊を含んだあの年代の人たちには何か、志の高さというものがあったなぁと思います。この国をみんなで一緒に良い国にしていこうよ、という、そういう志があの頃の人達にはありましたですね。それで、多喜二なんか本当に、命がけで小説を書いていたわけですが、それがどういうわけかここ２、３年、「蟹工船」が非常に読まれ始めまして、文庫本で復活したりしております。何か今の時代に通じるものがあるのかなぁというふうに考えたりしています。

● ハスカップの商標登録

ハスカップジャムは、はじめ1,200円で売っていたのですが1,000円に値下げしたという広告を出したことがあります。その頃はハスカップのまんじゅう、ゼリー、いろんなものを作りました。リヨンというのは今の、真ん中にクリームとハスカップのジャムをはさんだものですね。それからハスカップアイスクリームなんていうのも作りました。そして「ゆのみまつり」といって、市民の皆さんに随分親しんでいただきました。

三星は、ハスカップっていう名称を商標に使えなかったんです。ハスカップ羊羹というのを沼ノ端の近藤さんがすでに商標登録されまして、ハスカップって使えない。しょうがないからもう一つの呼び名だった「ゆのみ」という名前にして、「ゆのみ羊羹」。何でも「ゆのみ」という名を付けて、「ゆのみまつり」にしました。でも何とかしてハスカップの名前を使いたいなと色々苦労しまして、ハスカップジャムというのを三星が商標登録の申請を致しました。初めは「だめだ」と言われたんです。そりゃあ、だめですよね。イチゴジャムと登録商標にしたら、ほかでイチゴジャムを作れなくなっちゃうわけですから。

でも、特許庁に２日、談判に行きまして、やっとハスカップジャムという、ハスカップなんていうのはほんの地方の、ちょっぴりの所でしかできないんだからということで説明して、何とか納得していただいて、ハスカップジャムというのだけは、商標登録を取ることができました。ですから三星は、ハスカップジャムはハスカップジャムで売っていますが、それ以外は「ゆのみ」という売り方しかできません。

ハスカップはご存じのように、北海道では６月から７月にかけて採れる実としては他にないんですね、北海道でただ１つの木です。ただし特徴がございまして、トマトやイチゴなんかは青いうちに採っておいておけば熟して赤くなります。でもハスカップだけは、青い実を採ったら、そのままで腐ってしまうんですね。ですから、青い実は絶対に使えないのですが、買い入れをする時に頭の良い人がおりまして、いっぺんハスカップの汁にザボッと漬けますとね、全部色が付いちゃうんです。それで色が分からなくなってしまう。それを後で取り出すのが大変な騒ぎになりました。青い実というのは、本当に全く使い物にならないんですね。採った時の状態でずっと変化しないで腐ってしまう。そういう特徴を持っておりました。

でも、もう原野の「ゆのみ」がだんだん採れなくなりまして、各農協がハスカップ栽培をしようじゃないかというお話がありました。各農協さんがハスカップの栽培を始めたのが昭和55年から５年間くらいでしょうか。原野からハスカップを採ってきて、48戸の農家に3,000本を苫小牧農協が配りまして、苫小牧でハスカップをとにかく保存しようということになりましたですね。ところが、それを知って千歳、厚真、増毛、富良野といった農協の方がずいぶん苫小牧に来られまして、ハスカップってどういうものだとか、どういうふうにしてそれを増やすんだというようなことを見ていかれました。

苫小牧っていうのは、天気が悪いですから木の生育がなかなか思うように進まないんです。実のなりも少ないし、採れる量も少ないしということで、だんだん他の地域の農協の方がハスカップが採れるようになりましてね。とうとう、苫小牧は一番ビリです。昭和62年のハスカップの収穫量、つまり買い入れ量ですが、東胆振の１市６町で17トン、日高は12トン、それに対して千歳、空知、上川は106トンと大きなものがあります。合計で136トン。植えてあった面積は全部で130ヘクタールに増えました。

その年の各農協の生産高は千歳が36トン、厚真が11トンです。千歳はどんどん増やしていきましてね、翌年は45トン、さらに100トンは目の前だという所までいきました。最初は千歳だって10数戸で４ヘクタールくらい。全道各地でも稲作の転作として作っていた頃の数字です。

●ハスカップの本家「苫小牧」でその後ハスカップはどう扱われたか

昭和63年、この翌年の苫小牧の生産高です。千歳45トン、厚真が11トンに対して、苫小牧は３トンしか採れませんでした。苫小牧は、どうも気候が悪くて、なかなか木が育ちにくいということが一つありましたのと、千歳っていうのは防衛省の騒音対策費なんていうのがべらぼうに出るんですね。ですからお金がたくさんあるんですよ。それで、どんどん畑を広げていきました。ついに本家の座は千歳に奪われてしまったという情けないことになっております。

ハスカップというのは根が浅くて、せいぜい10センチメートルくらいですね。どこでも枝を挿せば根付くんですよ。だけど、もう皆さんご存じでしょうけれども、枝を挿すときに20センチメートルくらい切らないとなりませんが、それで挿せば必ずすぐに出て参ります。翌年新芽が出て、そして３年後にはわずかですけれども実がなります。だけど１人前の実がなるには、６年くらいかかるやっかいな植物です。苫小牧には錦岡に長峯さんという、元の農業委員会の委員長をされていた方が非常に熱心で、その方と黒畑さんという方が、一番先に栽培をしてくださったんですね。農作物を作るのに、とにかく原野を焼き払いますが、あとの植物は全部焼けるんですが、ハスカップだけ焼けないで残るんです。それでみんな大変な苦労をして邪魔者扱いだったんです。でも、その長峯さんと黒畑さんだけは、ハスカップに愛着を持ってくださって、自分の畑に植え続けてくださいました。それが今の苫小牧のハスカップの元です。

ただ、農家の方はこうやって休耕田の転作にハスカップを使われますが、ハスカップの値段が、乱高下するんです。例えば昭和58年には１キログラム3,000円でした。60年になりますと２年後には3,300円に値上がりしました。ところが61年、その翌年には2,500円に下がり、さらに２年後には1,500円まで下がるというように値段の動きが激しいものですから、農家の方が嫌気がさすんですね。それで不満が絶えなかったということを聞いております。

小玉　今のお話の中で農家の方の苦労の中で値段の上下、価格変動が激しいというのと、手摘みを全部しなきゃいけないので、その人件費がすごく大変だというお話しをうかがったんですけれども、そういったことはありましたでしょうか？

白石　ええ、ありました。三星なんかは、採ってきていただいたものを買うんですよ。とにかく、苫小牧は、その少し後にエキノコックスの汚染地になってしまったんですね。ですから、実が地面に落ちたら、それはもう採れないです。だから、どういうものを持ってきてくださるか分からないので三星は買うのを諦めた年があります。ハスカップっていうのは、採るのは本当に面倒くさいんですよ。１粒１粒こうやって採りましてね。青い実は残さなければいけないし、採ってこられる方も苦労なされたでしょうし、あんまり生産性の上がるものじゃございません。

小玉　お話をお伺いしていますと、本当に今、ハスカップというものがまだ、全国区ではなく、ましてや全道の中でも全然名前が流通していなかったものが、千歳ですとかお隣の厚真ですとか、かなり作付けを行うようになっておりまして、今北海道中でもかなり作付け、転作のために植えられたり、苗を持っていたりする方がかなり多いと聞きました。ただ、そのための知名度を上げた方の、つまり最初に商品開発をされた近藤さんですとか、三星さん、白石さんが本当に、三越さんに行かれて販売されたりですとか、色んな所で豆本を作って配られたとか、一つの役割をなされたと思います。以前、何かでお話された時に、「ゆのみ」ということで銀行に掛け合った時に、カップ、まさに「湯飲み」茶碗のためになんでそんなにお金を使うんだと聞かれたというエピソードが確か、ありましたね。

白石　銀行の支店長さんに新しい方が赴任されましてね、その時三星がお金貸してくださいと申し込んだんですよ。何に使うのかと言うから、「ゆのみ」を買うんですと。その時、大変怒られました。それから、アメリカあたりでちょっと生意気にやったんですが、そういう時も「ハスカップというのは何の器だ」と言われましてね。それで気勢をそがれちゃって、そのあとぺそっとしたようなこともございます。

それくらいハスカップというのは、苫小牧ぐらいあたりのほんの一部でしか知られていなかったので、それを何とか広げるという必要もありました。でもお客様の中には、例えば王子製紙の社員の方には、東京から赴任されておられる方がたくさんいますよね。そういう方がおみやげで買って帰られる。そういうようなことでかなり、早くに「よいとまけ」の名前と、アイヌの不老長寿の薬の実というのだけは通っていきました。

で、皆さんが作られているうちに有機質の肥料を与えますと、ハスカップは甘くなります。それから、今流通しているのは、勇払原野のハスカップというのは、誠に貴重なものになってしまいました。どこでどう作られているハスカップなのかよく分からないと言ってもいいと思うんです。その頃から品種が７種類くらい出ていて、今ならもう20種を超えていると思います。本家本元のハスカップなんてものは、ちょっと今、入手が難しいかもしれません。ただ、三星では相変わらず、ハスカップを摘んでいただいたものを買い入れておりますがね。

● ハスカップの研究と生産

ハスカップを主に研究されていたのは、長沼町に北海道の中央農業試験場という機関がありまして、そこで品種改良と栽培技術を一生懸命研究されておりました。昭和63年ですが、すごくたくさん採れるハスカップというのができました。

もう１つは、キリンビールさんが興味を持ちましてね。キリンビール、北海製罐、千歳農協の３者でハスカップの栽培の研究を始められました。

まずハスカップの苗を、あの方たちは成長点培養法という方法で量産したんですね。よく分からないですが、培養の技術によって植物の商品化を図ったということで、大量に苗木を作ることができました。培養の技術を使ったものとしては、ネギとかスイカとかありますが、ハスカップは５番目だというから、相当早くから目を付けられていたんだと思います。

でも、植物の果実としては初めてキリンさんがそれを手掛けられました。そのハスカップの実の重さが1.5倍から２倍、大きさも1.5倍から２倍の大きなものができあがりまして、それを選抜して、また１本の木から最大20万本作ったというんですよ。それを１年間で増殖して、千歳の農協に渡した。ですからもう、こうなると工業製品みたいなもので、何と言っていいんだか分からないんですがねぇ。

小玉　以前そのお話をお伺いした時に、今苫小牧や厚真で栽培されていらっしゃるのは、主に選抜ですとか、味の良いものを選んで栽培された「ゆうふつ」「みえ」、あと厚真の方が登録した「あつまみらい」「ゆうしげ」があります。「ゆうふつ」と「みえ」には、先ほどお話にありました黒畑さんとか長峯さんが登録に関わっているとお伺いしています。千歳の方ではやはり培養がメインになっているということなので、全然違う方向で品種の開発ですとか栽培が進んでいっているなと感じました。話が少しさかのぼりますが、確か白石さん、ちょうどこの苫小牧の自生地が少なくなっていく時に、諸外国でもハスカップのようなもの、あるいはハスカップに代わるものが生えていないかと飛び回られたというお話を伺っていますが。

白石　大体緯度経度が似ている所の原野を探せばハスカップがどこかにあるんじゃないかってバカなことを考えまして、一番先にタスマニア、次にシベリアからずっとこう、ヨーロッパの方を周りましたけれども、やっぱりありませんでしたね。ハスカップと似たものは。

小玉　フレップという似たようなものがあったと。

白石　似たようなものはあります。でも、ハスカップじゃないなぁという感じです。フレップというのは、昔樺太から引き揚げられた方が「これフレップじゃないか」とよく言われるんですが、私はフレップの本物を知らないものですから、フレップとハスカップがイコールなんだかちょっと分かりかねます。でも樺太から引き揚げた方はフレップ、フレップと言っていましたね。で、世界中探しましたけれども、結局ないということが分かりまして、原野から摘んでいただくか、あるいはこちらからお願いして栽培していただいている所から買い入れるしか、もう方法がなくなりました。

それまで、今まではハスカップを増やすというのは、種子から増やすのが一番簡単で良かったんですけれども、どうも種子から栽培しますと品質にばらつきが出てくるということですし、挿し木で増殖しようとすると増やせるのは年間60本が限界ということでこれもダメ。それに対してキリンさんが出した新しい方法が、親木の成長点をカットして、それを特殊な培地ですね、山梨県のキリンさんの農場がありますが、そこの培地に挿して増やしたと聞いております。増産に成功したということで、年間５万本のペースで苗木ができるというのもすごいもんです。千歳農協は千歳に５年間で25万本植えたんです。ですからハスカップの本家はやはり向こうに取られてしまったという感じです。

●「よいとまけ」という食べ物

小玉　以前、三星の工場長をしていらっしゃった山口さんと一緒にお話をうかがった時に、今ちょっと千歳にお株を取られてしまったというお話を聞いたのですが、先に商品開発としてハスカップに目を付けていったのはやっぱり苫小牧の部分が大きかったと推測されます。先ほど、「よいとまけ」製品の中に入っている皮を、蝿でないかと問い合わせがくるというお話がありましたが、よいとまけというお菓子自体も、かなり色々な方に衝撃を与えたお菓子であったと思います。良い意味で本当にすごく影響を与えたと思いますが、お客様から、味とか、食べにくいとか、そういったことでお話はありましたか。

白石　食べにくいという苦情はたくさんいただきました。作っている方が、食べにくいと分かっているものですから、もうどうしようもないですね。社長が息子たちに交代するたびに「よいとまけ」の改良品を作るわけです。ジャムを中に巻き込んだり、あるいはそれをこう切ってみたり。色々改良品を出すんですが、改良品が不思議に売れないんです。ですからやっぱり「よいとまけ」はあのままでいくしかないんですね。やっぱり、ああいうどうしようもないところが特徴ですから、そのままでしょうがない。ですから、「よいとまけ」のレシピというのは、始めからずっと変わっていません。これは、どこのお菓子屋さんでもそうですが、一番売れている菓子というのは、レシピは変えませんですね。

小玉　本当に伝統というハスカップというものと「よいとまけ」というものの、本当の一つの郷土の歴史の一つであるというお話いただき、私もすごくおもしろいなと拝聴いたしました。ちょっと余談ですが、白石さんはハスカップは東京にいらっしゃった時は恐らく目にされたことはないと思いますが、今お召し上がりになったり、こちらに来られてから食べられたこともあるとお伺いしています。どのようにお召し上がりになるのが一番好きですか。

白石　あぁ、「よいとまけ」ですか。まるかじりが一番いいです。あの、自分で言うのも変ですけれども、おいしいですよ、あれ。疲れた時なんかに食べた時なんだか疲れが取れるような気がして、時々は、食べるのはいいなと思います。

今の社長になってから、「よいとまけ」を切り分けて食べやすくして売り出しました。ただ、最近ハスカップが足りないものですから、イチゴジャムを巻いたのを売り出していますが、あれは早晩、消えると思います。

●ハスカップの原風景と手書き広告

小玉　今、ちょっとドキドキする発言がありましたが、以前は工場で働いていらっしゃるアルバイトの女性がそのまま「よいとまけ」を丸かじりして食べていたというお話を伺って、やっぱりすごく皆さんにとっておいしい、色々思い出深いものがあるなと感じています。因みに北海道に初めて降り立たれたとき、このハスカップの原野という場所に初めて来た時に、やっぱり北海道は東京とは全然、空気や景色が違うと感じられたと思いますが、その時のことは覚えていますか。

白石　とにかくあの頃は、どこに行っても何もありませんでしたからね。原野というのはこういうものかと思って、もう、感嘆いたしました。つまらない話ですが、私は厚真の中学校に赴任しました時に、あの頃、教員がものすごく足りなかったんですね。日本全国からもう、呼び寄せるような努力をしていたのですが、ちょうど幸い、徳島から先生が来てくれることになりまして。色々準備をしておりましたら、その２、３日して電報が入りまして「我日本語より知らず、良いか」というんですよ。つまり、それくらい北海道というのは何かもうちょっと、外国のような印象だったのでしょう。私が来た頃にはまだ駅前通りは舗装されておりませんでした。そこをバスが走っていましたからね。でも、そういう風景、懐かしいです。

フロアＡ　今の話を聞かせていただいて特徴的だと思ったのは、北海道の苫小牧というローカルなエリアの環境の中で、宣伝、広告というのを、手書きのチラシという、意外と、今考えるとけっこう味わいがある手法を使われていることですが、それを革新的にやられた事例として挙げられても良いと思うのです。こういうような手法で、全国展開というような形で販売するというのは今ネットでやっていますが、その後の三星では、あまりそういう形でやってこなかったというのはどういう理由なのかなとお聞きします。

白石　小林正俊という人間は、「よいとまけ」を東京の三越で売りましたですね。それから後、大分引き合いがあったのですが「欲しければ苫小牧に買いに来い」と言って、よそに店を出すということは全く考えていない男でしたね。

フロアB　「よいとまけ」のことでお聞きしたいのですが、先ほど、全く作り方を変えていないとおっしゃっていたんですけれど、人によっては昔の方が甘かったよ、という方が結構いるのですが、白石さんが味わってみて最初の頃と今と味の違いは何か感じますか。

白石　私はそうは思っておりませんが、昔の方が濃かったんですよね。ハスカップをいっぱい使いました。今はちょっと原料をケチしているところがあるようです。その違いかな。それは反省点です。

フロアC　苫小牧名産のハスカップを商品化することに大変ご苦労されたというお話をうかがいまして、本当に敬意を表したいと思います。先ほど「日本一食べづらいお菓子」「よいとまけ」ですね。これはお客さんが、やはり色々なお客さんのご意見の中で、食べづらいということから、これを細分化するようにして今売り出しているようなのですが、私は元の方が良いような感じがしているんです。長いままのと、今の切ったものとで売上高というのはどう変わっているのでしょうか。それと、長い昔の商品をそのまま苦労して作ってこられた白石さんを始め関係された方は、今、切って販売するということを、どのようにお感じになっているのかなという気持ちもちょっとお聞かせいただきます。

白石　今は「よいとまけ」を切る技術が発達いたしましてね。簡単に切れるものですから、それで切ったのを売り始めたんじゃないかな、というふうに思うんですが、どうでしょうね。切らない方が良いと言うお客さんがたまにはいらっしゃると思いますが、とにかく食べにくいので、やっぱり切ってあれば手を汚さないで食べられるということで、今は主流になっちゃっておりますですね。

● シベリアのハスカップ、樺太のフレップ

フロアD　ちょっと確認ですけれども、先ほど先生は、ヨーロッパなんかに行って、ハスカップと同種はないようなことをおっしゃいましたけれども、シベリアに、こういうのありましたか。中居正雄先生が、あの先生は植物学で有名ですけれど、ある旅行記で、北海道のハスカップと同じものがあるというようなことを書いていますけれども、どうなんでしょうか。

白石　やっぱり向こうの人に言わせるとフレップだと言うんですよね。私はちょっとハスカップとは違うなという印象を受けました。

小玉　苫小牧の植物史などを書かれた中居先生が、サハリンの方にフレップでなくていわゆるハスカップが生えていたという話を書かれております。今展示室にも展示していますが、いわゆるサハリンに以前から住んでいた方に今回聞きますと、フレップと呼んだ植物が結構あるようです。お話を聞いていますと、私はサハリンでのご経験がある方にまだ３人ぐらいにしかお話を聞けていないんですが、その３人ともフレップとハスカップは違ったとおっしゃっていました。フレップというのはアイヌ語でフレプ、「赤い物」から派生した言葉ですが、彼らがフレップと呼んでいたのは、ツツジ科の植物、例えばクロマメノキですとか樽前山に生えているガンコウラン、あとはコケモモ、あとクロウスゴといった、どうもそういった実を呼んでいたらしいです。恐らく多くの方はブルーベリーの原種のクロマメノ

キを呼んでいたのではないかと推測されていますが、まだちょっと特定はできていません。

そして、私が聞いたその３人の方は、ハスカップとフレップを区別されていて、フレップの方は皮は固くてへそがあったですとか、もしくは赤かったとか、それで呼んでいらっしゃいます。フレップの生えている所と、ハスカップの生えている所は微妙に違いまして、ハスカップの方は少し標高のちょっと低い所に生えているようです。どちらかというと焼き畑、1回山火事が起こったような所に生えてくるというのを伺っています。私が聞いた方は、フレップよりもハスカップの方がおいしかったというお話をされていたようです。

○最後に

小玉　今回は郷土文化研究会の方との共催市民講座ということでお願いしました。事前に何度かお話をさせていただきながら、先ほど、女房に惚れて郷土に惚れて仕事に惚れるというお話がありましたように、三星さんという会社自体、本当に地元、地域密着型で、地域に密着して本当に色々な展開をされてきたんだなということを強く感じました。今回の企画展ではハスカップをテーマに取り上げて展示しているのですが、何もない原野で育ってきたハスカップが、やがて人の手に渡って今、全道展開、全国展開で、色々なところで果樹として広まっていますが、そのきっかけの一つとなったものは、三星さんであり小林社長はじめ白石さんですとか、福原さんですとか、そういった色々な方たちが色々な所で普及するために走り回った、それが一つの苗の配布の促進なんかにつながったところがあるのではないかと考えています。

もちろん三星さんだけでなく、地域に根差して使っていた方、一緒に生活していた方、それを最初に沼ノ端でお菓子にされた方。地元でも自分たちで移植して一生懸命育てた長峯さん、黒畑さん、本当に色々な方たちがいらっしゃって、それを品種改良されて、多くの方たちの積み重ねで今の姿になっているということを強く感じています。展示の方で紹介しきれなかったエピソードですとか、非常に興味深いお話を白石さんからおうかがいできて幸いに思います。

最後に、荒川館長の方から一言ご挨拶をさせていただきたいと思いますのでよろしくお願いします。

荒川館長　ひと言、ご挨拶させていただきます。まず、ご講演いただきました白石幸男様には本当に内部事情も含めて、そして大変貴重なお話をしていただきました。誠にありがとうございます。三星、ハスカップ、そして「よいとまけ」について皆さん、理解を深めることができたと思います。私は、苫小牧育ちですので駅前にあった三星をよく覚えています。中に入っていくとショーウインドウがあって、クリームパンがあって、もっと中に入っていくと、ぐるぐる周っているお菓子があって自由に取って袋に詰める。この自由に詰めるという方法をとったのは苫小牧では三星が最初でした。そこを見たりして、そしてソフトクリームを食べる。これが子供時代の私の大変懐かしい思い出です。

そしてハスカップと言いますと樽前神社のお祭りが始まる頃には飯ごうをぶらさげて野山に行くぞ、というのが私の子供時代のお話でした。そしてやはり、白石さんの手書きの広告ですね、新聞がくると、チラシがいっぱい入ってきますよね。その中ですぱっと目に入るのが、赤い字でもって書いていた三星さんのチラシでした。それがすごく私の一番の思い出でございます。最後になりますけれども、どうもありがとうございました。

（文責：草苅健）

注）サハリンおよびヨーロッパのハスカップについて（注釈）

本編にて白石氏は「ヨーロッパにハスカップはなかった」「サハリンには、ハスカップによく似た『フレップ』は生えていたが、ハスカップは生えていなかった」と語っているが、これらの地域にもハスカップが生育していることが確認されている。ただし、サハリンでは、フレップ（クロマメノキ）は比較的海岸に近い低木林に生育するが、ハスカップは更に内陸のタイガ（冷涼な針葉樹林帯）の分布する付近に自生することが分かっており（「とまこまいの植物」（中居正雄著、苫小牧民報社）より）、白石氏らが調査を行った時代にはサハリンの植生情報などは現在に比較すると非常に少なく、正確な分布情報などの確認が難しかったのではないかと推測される。（小玉）

第4章

ハスカップの世界的な位置

～ハスカップに関する近年の講演録等から～

ポストブルーベリーはハスカップ、というのが世界の花卉園芸の世界の常識だと聞く。オレゴン州立大学名誉教授のマキシン・トンプソン先生と同大の川合信司さん（写真上）は北海道のハスカップ研究者と親交があり、オレゴン州でハスカップ栽培に熱心に取り組んでおられる。驚くことに、花期が2、3月で昆虫がおらず、ハチドリがハスカップの蜜を吸いに来る（写真下）という。

第４回環境コモンズフォーラム

ハスカップ新時代に向けて

～勇払原野の風土と資源を持続的に共有するためのイニシアチブ～

平成26年５月31日（土）　14:00～16:30
苫小牧市サンガーデン研修実習室
主　　催　環境コモンズ研究会（北海道開発協会）
　　　　　NPO法人苫東環境コモンズ

■ 基調提言１　「今、世界が注目しているハスカップ」

北海道大学大学院農学研究院准教授　鈴木　　卓　氏

こんにちは、北大から参りました鈴木でございます。ハスカップとの関わりはもう30年ほどになり、苫小牧の地域でも色々な方にお世話になっています。お手元の資料の中に調査報告があります。この調査を行ったのが今から25年くらい前で、次にお話いただく草苅さんから苫東開発で柏原の自生地に案内していただいて調査を行った経緯があります。その頃は調査をしているとシマアオジが鳴いていたのですが、今ではその姿をすっかり消しているようで残念です。今日は、この間に世界であった生物多様性に関わるいろいろな動きをハスカップを含めてご紹介したいのと、勇払原野のハスカップの重要性について専門の園芸学の立場から紹介したいと思います。

● 身近な農作物は意外と新しい

今、世界が注目しているハスカップということで、お話させていただきます。私は食べられる園芸作物、果樹・野菜、時々山菜と自生している小果樹を研究材料にしています。

今が旬のアスパラはいつ頃から日本にあると思いますか…。

大正12年に北海道の岩内町で栽培したのが最初です。昭和30年代までホワイトアスパラしか作っておらず、缶詰用の輸出が伸び悩むようになり、昭和40年代から栄養価の高いグリーンアスパラが栽培され、最近は紫アスパラが出てきて、セットで初夏のトレンディな贈答品となっています。

ブルーベリーはいつ頃からあるでしょう…。

野生の果実だったブルーベリーが栽培化されたのは100年ぐらい前のアメリカで、日本には50年ぐらい前に入ってきています。

カラーピーマン（パプリカ）も最近出てきた新しいものです。これは唐辛子と同じ植物です。韓国のキムチは昔から作っていると錯覚している方がいますが、コロンブスが新大陸を発見した以降なので、1600年頃からのもので、唐辛子は唐の時代からあると思っていたら大間違いなのです。

夕張メロンは赤肉で、カボチャと掛け合わせたという方がいますが、ウソです。果肉の赤いメロンとネットがきれいに出るメロンを掛け合わせてできたのが夕張メロンです。青肉だったメロンが赤肉になったことで売れるようになったもので、これも40年ぐらい前からのものです。

トマトも最近はミニトマトや黄色のものがあったりしますが、栽培され始めたのは昭和の初めで、新しいものです。

キウイフルーツの原産は中国ですが、ニュージーランドの研究者が持ち帰って選抜して世界に紹介したもので、1950年代にイギリス・アメリカを中心にブレイクしました。

このように、ある日突然出てきて当たり前のようにあるのが普通になる園芸作物は、意外と新しいものが多いことがポイントです。

韓国ドラマの「チャングム」で王様にリンゴを献上するシーンがありますが、使われているリンゴは「ふじ」です。ドラマは16世紀のことですが、リンゴの自生地は中央アジアで、18世紀ぐらいにイギリス、アメリカで大きなものに改良され、明治になって日本に入ってきています。ですからこの時代にこのような大きなリンゴはなかったのです。

リンゴの原生地では、背の高い木に小さな実が山のようになります。一方、青森では大きな果実となることから、同じ植物とは思えないくらいの違いがあって、品種改良と栽培化が非常に重要であることが分かります。今日はこの辺の話を中心にハスカップを見てみます。

● 植物の遺伝資源

COP10というのを知っていますか…。

COP（Conference of the Party）は、国際条約の中で環境問題などを話し合う加盟国の最高議決機関です。この中には種類があって、気候変動枠組条約（COP-Framework Convention on Climate Change : FCCC）、生物多様性条約（COP-Convention on Biological Diversity : CBD）、砂漠化対処条約（COP-Convention to Combat Desertification : CCD）があって、今回注目するのは生物多様性条約です。

生物多様性（Biodiversity）とは一体何でしょう？　多様性には“生態系の複雑さ”や“種の多さ”があり、意外と見落とされやすいのが“遺伝変異の幅広さ”です。一つの種の中でも遺伝的な変異がどれだけ内包されているのかが重要です。

生物多様性条約は平成４年に採択され、翌年12月に発効されていますが、平成24年10月現在、193の国と地域が条約を締結しています。しかし、超大国のアメリカは署名はしていますが批准していません。

生物多様性条約の目的は、次の三つです。

1　地球上の多様な生物をその生息環境とともに保全すること

2　生物資源を持続可能であるように利用すること

3　遺伝資源の利用から生ずる利益を公正かつ衡平に配分すること

発展途上国としては、先進国に対し自国の植物を持ち出し、多くの利益を得ているところから、その利益を還元して欲しいという要望が出されています。

アメリカには、国立植物栄養体（クローン）遺伝資源蒐集センター（National Clonal Germplasm Repositories）が各地にあって、それぞれ役割を担っています（下の写真）。この中で、CorvallisとGenevaを紹介します。

オレゴン州にあるCorvallisでは、ヘーゼルナッツ、イチゴ、ホップ、ナシ、カランツ、グーースベリー、ラズベリー、ブラックベリー、ブルーベリー、クランベリーなどの小果樹栽培種および野生種が遺伝資源としてコレクションされ、育種の素材とされています。圃場（ほじょう）には世界各地で蒐集されたハスカップ遺伝資源が、2ヘクタールぐらいの規模で栽培され、オレゴン州立大学教授マキシン・トンプソン（Maxine Thompson）さんによって、分類や利用について研究されています。

平成14年にトロントで開かれた国際園芸学会※1での講演では、ハスカップ（Lonicera caerulea L.）の変種で主に勇払原野に自生するクロミノウグイスカグラ（var. emphyllocalyx）がオレゴンでちょうどよい時期（受粉を助ける訪花昆虫が活発となる時期）に開花することからよく実り、果実品質も良好であり、栽培化を図る上で非常に優秀な遺伝資源であることが紹介され、サスカチュワン大学のボブ・ボァーズ（Bob Bors）教授によって、カナダでも栽培・育種に関する研究にクロミノウグイスカグラが用いられるようになりました。

同じ圃場ではコクワやマタタビも栽培されていて、地域適応性試験も実施されています。ハスカップやコクワのように、もともと北米にはない植

物であっても、コレクションして栽培化に向けた研究が行われています。

種苗会社のショールームには、北海道のハスカップを原料とした製品が陳列され、注目されています（前頁の写真）。

次のGenevaはナイヤガラの滝に近い場所で、PGRU（Plant Genetic Resources Unit）がコーネル大学の施設として、リンゴ、酸果オウトウ※2、耐寒性のブドウなどのコレクションをしています。

そこで行われているいくつかの事業を紹介します。

① 栄養繁殖性遺伝資源の維持

リンゴの品種は接ぎ木で増やすので種ではなく、枝を維持しなければいけません。日本のものも含めて3,909品種・系統を広大な圃場に2本ずつ植えて維持しています。それは、一度その植物が地球上から消えてしまうと二度と復活させることができないからです。

リンゴの果実だけでもその変異（遺伝子変化）はとてもたくさんありますが、花の色や萌芽期や葉が落ちる時期が違うものといろいろな変異があって、それぞれの品種について果実を切ってデジタルイメージとしての保存や、冬に採った枝の一部を液体窒素で凍結保存して、必要なときに芽接ぎすると回復することでバックアップもしています。

② 新しい遺伝資源の蒐集・獲得事業

果実の野生種は世界各地にあるので、何度も探索に行き各地の緯度・経度・高度・降水量などと採取した植物の情報を記録するとともに、種を採って－20℃で保存し、枝は接ぎ木をして栄養体を育てています。

③ 病害抵抗性のスクリーニング

遺伝資源として蒐集・獲得した野生種の中から、まだ日本には上陸していない、細菌が原因の火傷病（fire blight）が出にくい種類を選んで、その病気に対する抵抗性の品種を育成しています。

④　**遺伝資源の頒布**

世界中の研究者からリクエストがあったときに、きちんと管理された中から有償で苗木や種を提供しています。

このようにアメリカ政府はこれまでに、遺伝資源の蒐集・保存に莫大な経費を投入してきてこれからも続けていくので、これは自国の利益だけではなく、人類の公益に資することを目的に実施されていて、発展途上国に利益を還元するのはおかしいというのがアメリカの主張です。

● 世界が注目する苫東のハスカップ

勇払原野のハスカップは、開発に伴って野生の自生株が厳しい状況にあるということですが、幸いにも旧苫東会社によって「つた森山林」に1.5万株が移植されています。これは非常に重要な遺伝資源です。栽培化することは、甘いものを残してそれ以外は淘汰するので、単一化に繋がります。

勇払原野に自生する株と20年前に同じ自生地から北海道大学の圃場に移植した株の果実を比べたところ栄養素に違いが見られました。これは、栽培化が原因でハスカップの形質に影響を及ぼしているものと考えられます。おいしいハスカップとなるように栽培化は大切ですが、野生を含む多様な遺伝資源を残すことが、これからハスカップが関連した産業を発展させる上でも非常に重要です。世界中でもハスカップの１変種であるクロミノウグイスカグラの自生株集団は勇払原野にしかありません。このことは苫小牧市民、北海道民、日本国民、全世界の人類の貴重な財産だということを皆さんに再認識していただきたいと思います。

補足になりますが、野生種でアイヌの呼び方からきているハスカップは世界の果実の名前になっています。それを提唱したのは、マキシン・トンプソンさんで、ローマ字書きした“haskap”が共通の英語で果樹の名前として使われています。

※1　国際園芸学会（International Horticultural Congress）
世界の園芸学研究者が集う国際学会で、４年に一度開催されている。2002年の第26回大会は、カナダのトロントで開催された。

※2　酸果オウトウ（Sour Cherry または Tart Cherry）
スミミザクラ（酸実実桜、学名:Prunus cerasus）は、ヨーロッパや南西アジアに自生するバラ科サクラ属サクラ亜属に属する植物で、スミミザクラはセイヨウミザクラに近いと考えられるが、スミミザクラの果実のほうが酸味が強く、料理に用いられる。

■基調提言2　「ハスカップの保全と苫東」

NPO法人苫東環境コモンズ　事務局長　草苅　　健

鈴木先生からハスカップが世界的に使える言葉に格上げされたということを聞いて、それだけでも胸が膨らむような気がして嬉しくなりました。

私は、「ハスカップと苫東」の話をさせていただきます。お配りした資料にNPOに関連する資料のニュースレターが入っています。左上に書かれたこの“haskap”という文字が世界的に通用するということでした。

NPO苫東環境コモンズは、非常にマイナーでご存知の方がほとんどいないと思いますので、少しだけ紹介させていただきますと、本来、環境の保全は土地の所有者が行うことが通説となっている中、私たちは苫東の未利用地でかつ魅力的な原野の部分を保全活動をしながら地域住民がみんなで利活用できるコモンズ的な場所にしようと活動している地元団体です。㈱苫東さんとの協定によって保全管理と同時に近隣住民の利活用を進めているところです。

苫小牧の発展と苫東

苫小牧市では、昭和20年に27,000人ぐらいだった人口が平成12年には173,000人となっています。昭和20年から15年程で倍を超え、さらに15年で倍になっています。その間には現在フェリーが発着している西港の着工が昭和26年に始まり、38年に第１船が入港、48年には苫東のプロジェクトが始まり、51年に東港建設が着工されています。つまり、苫小牧の人口増の背景には、港の建設とこの地の利を拡大するプロジェクトが国・道・地元自治体及び民間によって進められてきたことがあります。

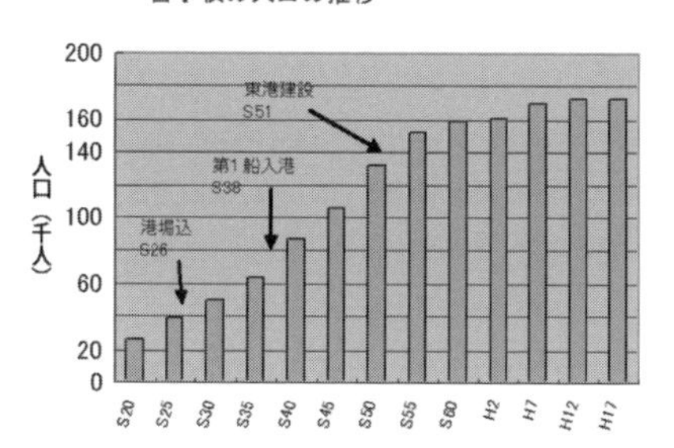

このような開拓と開発、そして住宅建設も進み、ハスカップが自生する原野は少しずつ姿を消してきました。一方、苫東のプロジェクトが始まった昭和40年代には、本州各地でいろいろな環境問題が発生したという反省を踏まえ環境を保全する姿勢が生まれ、苫東プロジェクトでも敷地１万ヘクタールの約３分の１を緑地とするなど、さまざまな環境保全策が実践されてきました。

このように、自生する面積が減っていく中で、残った原生地を見るとハスカップが土地の乾燥によって枯れ始めているようだとの疑問から、NPOでは昨年からある調査を続けています。調査で注目すべきは、ハスカップと同じ仲間で随伴しているヒョウタンボク属のベニバナヒョウタンボクが先に枯れ始めていることです。昨年の調査では、ヘクタールあたり1,800～2,000本のハスカップが確認されましたが、40年前の調査ではヘクタールあたり2,500本ぐらいあったと記憶しています。

昭和50年代の苫東とハスカップの流れを振り返ってみると、旧苫東会社はプロジェクトが始まった昭和48年から将来を見越した移植活動を行っていましたし、いすゞ自動車の用地造成のアセスメントの措置として、移植とともに地域への無償分譲が行われました。これには、この頃、ハスカップがブームとなっていたこともあります。また、子会社ではハスカップジャムやワイン製造を行って、地域ブランドもつくり始めています。

いすゞ自動車の造成では、樹木実態調査を行っています。高さ30センチメートル以上のハスカップだけで15万本があって、昭和54、55年に市民に２万本、各地の農協などに１万数千本のほか、学校や企業にも分譲しています。ハスカップを里子に出したわけですが、庭木として見栄えのする植物ではないので、市民のところに行ったすべてが残っているかは分かりません。ハスカップが農家に引き取られたのは、折からの減反政策と相まったもので、千歳、美唄、上富良野、士別など、遠方を含む道内各地に渡っています。印象深いものに、幌延町の男能富(だんのっぷ)小学校へ北海道新聞の記者と一緒に届けたこともありました。

ハスカップに関するエピソードとしては、次のようなことが思い出されます。

・いすゞ自動車の苫小牧工場では、ジェミニのエンジンを製造することになって、双子座を意味するジェミニとハスカップが双子のようにして実がなることからストーリー展開ができないか、いすゞ自動車や苫東の方にも話をしてみましたが、これは全く無視されました（笑）。この頃からハスカップには何らかのストーリーが必要であることを思い始めていました。

・苫東のハスカップは、霧のために日照が不足し糖分含有量が少な過ぎて、ワイン醸造の工程で砂糖などを加えないと発酵しないことが分かりました。これは醸造元の北海道ワインの担当者に聞いたことです。

・昭和天皇が栗山の林木育種研究所にお見えになられたときに、夕張メロンとハスカップを出したところ、２回ともハスカップを所望されたと当時の千葉茂所長に伺いました。

・私は立場上、ハスカップの分譲や栽培に直接かかわりを持ちましたが、トップからの命で、製品のラベル製作のためハスカップの図案化も致しました。おびただしい写真を撮りその中から最もハスカップらしい構図を選び出しました。

・地域の反応としては、ハスカップを保存する動きが、郷土文化研究会などからでたり、ハスカップ豆本やハスカップを使ったお菓子が次々と出ていました。

ハスカップ・イニシアチブ

ハスカップが地域ブランドとなるために、いろいろな方々が携わっていますが、まだハスカップの決定打やストーリーがありません。

ハスカップが自生する勇払原野とおいしいハスカップができる栽培適地とは違っているものです。苫東のハスカップ原野をサンクチュアリと呼ぶ由縁は、湿原のミズゴケの上に実生の赤ちゃんハスカップが誕生していることと、成熟したハスカップの群生の両方が見られるからです。ハスカップをもっと身近なものにするために、ハスカップの湿原を俯瞰したりもっと可視化する工夫や仕組みが必要ではないかと思います。

ハスカップ新時代の提言では、ハスカップが勇払原野のコモン・プール資源で、みんなで共有するという考え方が生まれつつある今だからこそ、関係者が集うようにハスカップを中心にアイデンティティを高めることにしてはどうかと考えています。例えばハスカップを「北海道遺産」に仕立てる動きを始めたり、住民とハスカップのつながりの記録を正式に残すため、市民からエッセーを集めて「ハスカップとわたし」(仮称) として冊子化したり、ハスカップの風土を保全する担い手が必要なのでNPOなどの組織づくりを進めることなどが必要だと思います。ちなみに、北海道遺産は協議会があって、これまで52ある遺産を増やさない方向できたことを6月の総会で議論するそうですので、注視する必要があります。

これまで、開発か自然保護かでとかくネガティブに捉えられてきた風土の感覚を、「苫小牧は良いところで、これからの産業の場であり、文化の場でもある」ことを積極性を持って捉え直し、発信できる場にしていく。そんなハスカップ新時代に向けた取り組みである「ハスカップ・イニシアチブ」を提言したいと思います。

司会　ありがとうございました。私も美唄でハスカップを摘んだことがありますが、士別や幌延にも里子として出ていたことに驚き、勇払原野がハスカップのふるさととして情報発信されていくとよいと感じました。

＊　＊　＊　休憩　＊　＊　＊

司会　それでは、ただいまから「ハスカップ新時代に向けて〜勇払原野の風土と資源を持続的に共有するためのイニシアチブ〜」と題してディスカッションを行います。

本日のパネラーですが、ハスカップをテーマに川上から川下までの一連の流れに関わるみなさまが一堂に会して議論できるようにお集まりいただきました。

ここからの進行役は、鈴木先生にお願いします。

■ディスカッション「ハスカップ新時代に向けて」

鈴木　司会を務める鈴木です。ハスカップには野生のものや栽培して利用するものの他、食べたり、接して幸せになるなどいろいろな利用の方法があります。パネリストのみなさんには、まずそれぞれの立場からハスカップについて思いやコメントをいただきたいと思います。

● ハスカップはまさに市民の宝

女性みなと街づくり苫小牧代表　大西　育子　氏

ハスカップのまち苫小牧と言われて久しく、当時一生懸命に活動していた人たちには既にリタイヤした方々もいるかと思います。苫小牧駅前通り商店街青年部では、40年ほど前より毎年６月末から７月中旬にかけてハスカップウィークを開催していたことを苫小牧在住の方でしたら覚えている方もいらっしゃるかと思います。市内の幼稚園児、商工者が娯楽場パークに集まる大イベントで、私も事業者としてお手伝いさせていただきました。

昭和62年末に「ハスカップを広める会」を立ち上げ、厚真産の実が市内に流通し始めた頃でしたが、子どもたちがハスカップの木が分からないので、ハスカップを市の内外に広める活動を始めています。メンバーには郵便局や農協の職員、喫茶店の組合長などになっていただきました。沼ノ端が今のような住宅地ではなかったので、スコップとフラワーポットを持って、地主さんに許可を得てハスカップを掘らせていただきました。市内の公共機関や銀行の窓口にお願いして配置させてもらう活動で会がスタートしました。

その後、ハスカップの料理を募集したり保育園の子どもたちに描いてもらった絵を郵便局のロビーで展示したりの活動もしました。

５年が経ち、活動の記録として小冊子『ハスカップ』を作成して会の活動の区切りとしています。改めて見てみると、ハスカップの木の剪定や育て方が書かれており、農協さんにもお世話になったことを思い出しました。

私自身、「みなと街づくり苫小牧」の他、いろいろなことをやっています。ハスカップが好きで事業化するために、平成４年にハスカップサービスを法人化して、経営の勉強を兼ねて中小企業家同友会に入会しました。平成12年には、鈴木先生や皆さんとのご縁があり、現在の「苫小牧地域資源ハスカップ等利活用研究会」の前身の「北方圏農水産物研究協議会」を立ち上げています。

今日、欠席となった苫小牧高専の岩波先生とも共同研究をしていて、思い入れだけでなく、学術的、計数的、科学的にもしっかりと試作を重ねて、商品化したものもあります。先ほど鈴木先生もおっしゃっていましたが、研究開発をしていく中で在来種の優位性が多くみられ、在来種を守りながら栽培につなげることの大切さを感じました。唯一ある苫東のハスカップは希少で、保全は大切なことだと思います。

ハスカップと自身のかかわりとして、これまでの活動を支えていたものは何だったのか考えてみると、青森県出身の祖母がハスカップが大好きで、戦後何もなかった時に自生していたハスカップを近所の人たちと摘みに行って、孫である私に食べさせてくれたことが記憶にあります。苫小牧の夏の風物詩として、樽前山神社のお祭りがありますが、その宵宮で、ハスカップに白い砂糖をたっぷりとかけて食べることが何よりの楽しみでぜいたくでした。ほろ苦く甘酸っぱく素朴な野原のにおいがして、赤ひげさんのようになりながら口いっぱいにほおばった思い出が蘇ります。

５〜６月に花が咲き、７月の１カ月足らずでの実の収穫、たくさんの可能性を持つハスカップが苫小牧に生まれ、苫小牧に生き、苫小牧に還っていく私としては我が身ということになるのでしょうか。

鈴木　続いて、栽培の視点から山口さんにお願いします。

● オリジナル品種のブランド化に向けて

ハスカップファーム山口農園　山口　善紀　氏
（JAとまこまい広域　厚真町ハスカップ部会　副部会長）

今日は栽培者の立場から、ハスカップについてお話ししたいと思います。

厚真町でハスカップの栽培が始まったのは昭和57年頃からです。苫東の開発をきっかけに里子に出された一部が厚真町に来て栽培が始まっています。当時は希少価値が高く、3,000円/キログラムぐらいで取引きされ、部会にも100名ぐらいのメンバーがいましたが、生産面積が広がるとともに急速に単価が下がって、生産意欲をなくした方もいて生産者もどんどん減っていきました。平成10年ぐらいにハスカップのブームがありましたが、飽きられてしまい価格が下がるという繰り返しをしているのが、ハスカップ栽培の現状です。

厚真町でのハスカップ栽培は、勇払原野にあった株を畑に移植することから始まります。野生なので変異も多く、栽培に向いたものやそうでないものなど同じものがなく、栽培畑では100本の株があると100種類のハスカップを育てていることになっていました。農協に出荷する時には味には関係なく、少しでも見た目を良くしようと、同じような粒をそろえてパック詰めをしていたのが最初の販売方法でした。ですから、甘いもの、酸っぱいもの、苦いものが混ざっていて、当り外れのある作物として苫小牧では認識されていたと思います。

ハスカップの販売数量と単価

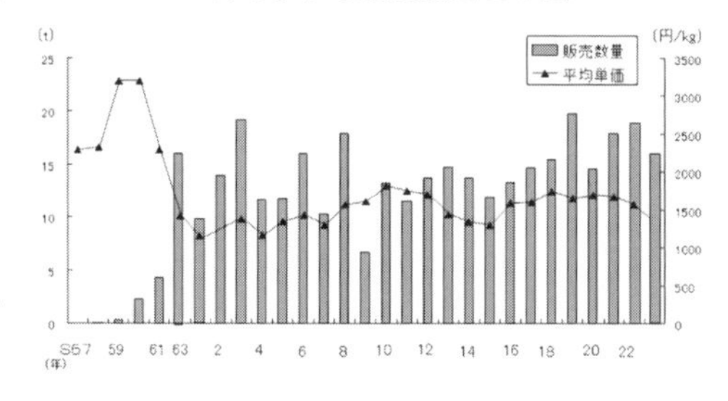

栽培では、消費者の方に親しんでもらおうと、苦いものを除いたり粒を揃えるのに同じ木を挿し木で増やしていきました。山口農園のハスカップの優良系統の選抜は、母が昭和53年から取り組んでい

ます。当初から味の良くないハスカップを栽培していては需要を伸ばすどころか、客離れにつながると思った母は、おいしくしたいという思いに駆られたようです。しかし、本人はハスカップが嫌いで食べたくなかったので、私と弟がハスカップの実がなると苦い実を探して木に印をつけるアルバイトを小学生から中学生にかけてしていました。その甲斐あって、味の悪いものを畑から排除できました。その他に形の悪いものや熟し方に問題のあるもの、粒の小さいものや柔らかすぎるものを排除して、残ったものから味の良い大粒のものを挿し木で増やして圃場を作っていました。

厚真町オリジナル品種の誕生！

平成21年 12月21日 品種登録

大粒で酸味が少なく食味に優れた生食用品種！

大粒で甘酸適和、果実が硬く食味に優れた品種！

ハスカップが売れなかった平成14年頃に厚真町でハスカップの優良系統の調査が始まり、改良に努力していた４件の圃場から選抜して、21年に「ゆうしげ」と「あつまみらい」という２品種が日本で２、３番目の品種として登録されています。それぞれの特徴は「ゆうしげ」が大粒で酸味が少なく糖度が12以上あって甘いものです。「あつまみらい」も大粒で実が固く、甘い品種ですがハスカップらしい爽やかな酸味が残りますので、ハスカップ好きに選ばれます。

２品種を登録したのには、果物の味覚では酸味が好きな人と嫌いな人がいるのでどちらにでも好まれるためと、ハスカップは他家授粉といって、自分の花粉では実にならないので１品種を登録して畑をつくると実がならないので、並べて植えることによって確実に実を生らせるようにするためです。こちらの品種は、厚真町から出さないことを決め、オリジナル品種としてブランド化に向け、JAや厚真町から苗木助成を生産者にしていただき、年間約1,000本を植え付け、６年間で5,000本以上の栽培が行われています。まだ、木が小さいので昨年は600キログラムほどですが、将来的には１万本で10トンを目指した計画で進めています。

ハスカップ部会ではブランド化に向けて、秋・春に剪定や栽培の講習会や圃場研修、出荷説明会を行っています。３年程前から厚真町はハスカップの栽培面積が日本一となって、現在22ヘクタールで栽培されています。

今年のハスカップは、暖かかったので、５月10日ぐらいから咲き始め８分目程の花が咲き終えて青い実が少し膨らんできています。厚真町では６月25日ぐらいから収穫が始まるのではないかと思われます。

今後の産地の取り組みとしては、高品質な生食用果実の安定生産をすること、在来品種の果実加工による高付加価値化を目指すこと、生産者のさらなる技術の向上と平準化を図るとともに、消費・流通形態の変化に応じた販売推進として、ハスカップは非常に潰れやすい果実なので流通を改善して、苫小牧だけでなく道外に向けても良い状態で販売していきたいと思っています。

最後に、ハスカップ栽培面積日本一の町・厚真町では３年前から厚真町ハスカップフェアを開催しています。今年は、７月５～21日でハスカップ狩りを受け入れている農園10軒を案内してもらえますし、町内の飲食店ではハスカップを使った商品を提供したり、「こぶしの湯あつま」でPRイベントを行っていますので是非、厚真町にお越しください。

山口農園では、今年の３月21日に「ハスカップカフェ山口農園」として、ハスカップに特化した商品を移動販売しています。ハスカップを大量に消費していただいている苫小牧の方々は比較的高齢層なので、若い方に受け入れられるように、クレープ・スムージー・ソーダを販売しています。通常は厚真町内で営業していますが、イベントや道の駅で見かけた際には寄っていただきたいと思います。

鈴木　続いて、自然保護の観点から日本野鳥の会の原田さんから発表をお願いします。

● 苫東の希少鳥類とハスカップ・サンクチュアリ

日本野鳥の会　チーフレンジャー　原田　　修　氏

私からは、勇払原野でハスカップが自生する場所の周辺を含めた鳥類の面からの環境保全のお話をさせていただきます。

かつての勇払原野は湿地面積が8,000ヘクタールあってサロベツ原野・釧路湿原と並んで北海道の三大原野と呼ばれていました。昭和30年には少し減って5,000ヘクタールとなりましたが、一定の湿原はありました。その後、経済成長に伴って港の掘り込みや農地の造成、河川改修や工業地化もあって平成10年には８分の１の1,000ヘクタールになっている状況です。その中でウトナイ湖が渡り鳥の渡来地として有名でしたので、地元の方・野鳥の会・苫小牧市の３者の連携によって、日本初のサンクチュアリが昭和56年に開設されて活動が始まり、10年後にはウトナイ湖が日本で４番目にラムサール条約に基づく湿地に登録されています。また、ウトナイ湖周辺の自然環境が大きく変わる開発計画だった千歳川放水路計画が中止となって、ある程度ウトナイ湖の保全の目途がついたところです。

現在、苫東の工業地帯にはかなり良い状態で自然が残っているので、ウトナイ湖と一体として勇払原野の苫東地域を中心に保全活動を行っています。

苫東の地域は、昭和40年代後半に10,000ヘクタールの３割を緑地として残すという、当時としても画期的な計画でしたが、その後のオイルショックなどの影響もあって、分譲予定地の２割ほどが分譲されただけで、そのほとんどが未利用地のままになっているのが現状です。その中で、北西部の空港に近いエリアの臨空地帯と南東部の港に近い部分の臨海地帯の造成が進んでいる２カ所を中心に開発をして、それ以外の当面の分譲から外したプロジェクトゾーンには、比較的良好な自然環境が残されています。そのエリアを中心に苫東地域で調査したところ、22種類の希少鳥類が確認され、苫東のエリアが生物多様性の分野から重要な場所であることが分かってきました。
一方、苫東の新計画では、湿原や森林と共生するアメニティ空間という形で、比較的自然環境が残っている場所を工業用地以外の利用を含めて検討される状況になってきています。我々も、ウトナイ湖と一体化している湿地のアメニティ空間の調査を行って、平成17年に作成した勇払原野の保全構想の報告書を基に、弁天沼を中心とした場所を鳥獣保護区に指定する要望書をこれまでに二度提出しています。
弁天沼の周辺にはまだ湿地が多く残っていて、ウトナイ湖を除いた勇払原野ではまとまった面積の自然環境が残されているので、勇払原野保全の中心と考えています。
千歳川放水路計画で使われる予定だった安平川の河川整備計画では、下流部に沈砂池の機能も含めた遊水地として位置付ける洪水防止対策が話し合われていますが、予定地周辺の希少鳥類の分布を確認したところ、チュウヒ・アカモズ・シマアオジなどの生息地でした。近年になって、以前確認されていた営巣地で見られなくなったところもありますが、まだまだ多くの鳥が生息しています。
整備計画の調整の中で、計画されていた1,500ヘクタールの遊水地が950ヘクタールに縮小され、道道上厚真苫小牧線が整備されてその周辺の利便性が高くなり工場用地・遊水地のどちらにするのか協議が進められ、遊水地との境界も今年度中には形になるのではないかと思われます。
我々としては、工業用地はほかにも未利用地がありますが、希少鳥類の営巣地はここにしかないので、何とか遊水地として残してもらえないかと考えています。
遊水地とすることで、工業用地の中で自然環境の保全をすることが特徴的で、上手く利用することで新しい地域の発展の形が創れるのでないかと考えています。
平成22年に策定された『北海道の生物多様性保全計画』では、「北海道の特徴的な自然景観である湿原」や「希少生物の生息環境」を保全の対象としているので、この地域が具現化となる場所で、他にはないかけがえのないところだと考えています。野鳥の会だけでなく、植物や他の面からの北海道自然保護協会、日本生態学会北海道支部からも保全の要望が出されています。

22種というのは、秋、冬も含めて観測された種類ですが、生き物にとっては繁殖の環境がきちんとあることが大切なので、２年程前から、繁殖期にこの場所の希少鳥類の調査を行っています。その中で昨年は７種類が確認され、特に弁天沼でタンチョウが確認され、今後繁殖する可能性が高いと考えています。

そのエリアの北部に草苅さんがおっしゃっていた「ハスカップ・サンクチュアリ」があって、昨年勇払原野自然体感ツアーを組んだところ、大型バスを使うほどの参加がありました。観察会なので、ハスカップの摘み取りはほんの少しだけ、とお願いしましたがみなさん私の話を聞かずに摘み取りに熱中する状況となってしまいました。しかし、今後もハスカップや勇払原野の自然の魅力やその重要性を伝えていければと思います。

鈴木　続いて草苅さんお願いします。

● ハスカップ・サンクチュアリの現状

NPO法人苫東環境コモンズ　事務局長　草苅　健

先ほどの「ハスカップ・サンクチュアリ」の続きになりますが、私が初めて現場に行った40年前には、湿原にハンノキが出始め、その時には真っ白になった枯れたヒョウタンボクには全く気付きませんでしたが、40年後の今、枯れ始めています。恐らく、植生の遷移としては、このままハンノキが成長してサクラやミズナラ、コナラも見えているので、乾燥化が進みハスカップは徒長していずれ倒れてしまい、ホザキシモツケか何かの群落に変わっていく可能性があります。

最近の勇払原野の植生図では、私共がハスカップ・サンクチュアリと呼んでいるところはハンノキ林となっています。実際には高密度にハスカップが生えていますので、ハンノキ・ハスカップ林というのが正しいのではないかと思います。遊水地協議会で使われている植生図でも、ハスカップ群落は豆粒ほどの範囲しか示されていませんが、それでは少しずつ枯れ始めている原生地の大群落の現状をどうしたらよいかということです。

私共は、土地の所有者にお断りして、ハスカップの徒長を防ぐことができないか、被圧しているハンノキを部分的に切ったり、ハスカップを地際から切ることで新しい枝を出させ萌芽更新させることがサンクチュアリでできないか、小さな面積で試験的にやっています。

これからハスカップを苫小牧市、あるいは地域のシンボルとして見ていく時に、原田さんとは別の立場で、残された部分（プロジェクトゾーン）をどうしていったらよいか考えてみたいと思います。

ハスカップを保全する動きとして、いすゞ自動車の環境アセスメントではハスカップが当時の環境庁が指定する貴重植物となっていて、開発行為をする上では保全する措置をしなければならず、苫東ではその保全措置として移植したり一部に残すことをしました。

当時、使われていなかった言葉にミティゲーション（116p参照）というのがあって、アメリカ他先進各国では環境への影響を回避・緩和する方法にミティゲーションが行われています。苫東のハスカップの移植は結果的に、生物への影響を緩和するミティゲーションを行ったことになりますし、基地全体としては遊水池計画が結果的にさまざまな貴重種のミティゲーションにあたるとみています。

以前には苫東でも、公害問題や環境破壊と危惧されていましたが、いすゞ自動車の造成以降に環境破壊という言葉が出てこなかったのは、このようなミティゲーション等の環境保全策をその都度真剣に行って対処してきたからなのだろうと思います。

鈴木　ありがとうございました。これから会場の皆さんを交えて議論を深めていきたいと思います。最初にパネリストのみなさんのお話を伺って、ご質問などありませんか。

では、私から原田さんに質問ですが、ハスカップの果実をエサとしている野鳥はいるのでしょうか？

原田　ハスカップを食べているところを見たことがないので、何とも言えませんが、ヒヨドリなど果実を好む鳥は食べているのだと思います。

鈴木　野生のハスカップの広がりに野鳥が果たす役割はあるのでしょうか？

原田　鳥が食べて種を散布させている可能性はありますが、ハスカップが落ちた先で根付くかは、他の植物との競争では弱いのではないかと思うので、難しいと思います。

会場A　私も小さい時からハスカップを食べていましたが、親から体に良いものと言われ、おいしいのと健康によいものと自覚して食べていました。在来種の優位性があるとのことでしたが、どのようなことがあるのでしょうか？

鈴木　栽培化とは優れた品種・系統を作って、なるべくそれだけをつくることになります。野生のものは非常に雑ぱくで全て成分が違うハスカップです。その中で体に良い成分だと、抗酸化成分のアントシアニンやポリフェノールを含んだものもありますが、そうでないものもあります。そのように多様なものが野生種なので、全てがよいとは一概には言えません。

単一の成分だけに着目して多く含んだものを選び出して栽培することはできます。しかし、栽培したハスカップに病気が出たとき、多様性を持った野生資源のハスカップがないと改良することができませんし、その病気に強い野生種があれば、耐性を持つハスカップとすることができるのです。そのバックアップのための遺伝子のプールとなっているのがここ勇払原野で、そこに自生するハスカップなのです。

ハスカップが世界のくだものになって、問題が起きた時や別の機能性の高いものの素材があるのが勇払原野なのです。ですから、野生種を保護することは非常に重要なことになります。

鈴木　いろいろな立場のパネラーのお話を総合すると、「ハスカップを栽培化して積極的に利用する立場」、「苫小牧を中心としたエリアでまちづくりに利用する立場」、「環境を含めてハスカップを保護する立場」の３つに分れると思います。最初のハスカップを栽培して積極的に利用するのに皆さんから何かご意見ありませんか？

会場Ｂ　ハスカップの果実を使ったワインは見たことがあるのですが、リキュールはどうなのでしょう？

山口　厚真産ではありませんが、美唄産で漬け込むタイプのリキュールが販売されています。

鈴木　ベルギーやオランダではビールに果汁を入れて作っているので、それをハスカップでやりたいとのことで、外国から電話があったことがあります。その頃は千歳市農協さんが頑張っていたので紹介したことがあります。

会場Ｂ　果実系のものではいろいろなお酒にしたものが出回っていますが、ハスカップのものは流通していないように思えます。どこに問題があるのでしょうか？

山口　加工業者の方とよくお話しますが、加工用に流通するハスカップは、2,000円/キログラム前後ですが、リキュール系の原料として欲しい値段は1,000円/キログラム以下の値段なので、価格帯が合わないことがあります。また、酸度が非常に高い果実なので発酵がしにくいこともあります。

鈴木　山口さんがやられているのは、生食用の高品質で付加価値の高いハスカップですが、加工用のハスカップ生産を考えても良いと思います。手間をかけずに機械で収穫できるような品種を育成して加工原料として安く供給することも必要だと思います。

会場B　ハスカップをアルコール類にすることはダメなのではなくて、この先もっと伸ばせる可能性があるということですね。ありがとうございました。

会場C　苫東に残された自然が、地球環境全体からも重要なテーマで、そのことを広く認識してもらうための一つの手段として、ハスカップ・サンクチュアリをやられているように思いました。

突飛な話ですが、庭にハスカップとブルーベリーを植えたことがあります。同じような時期に実がなって似たようなものですが、ブルーベリーは糖度が高く、ハスカップは酸度の高いものです。環境コモンズの呼び水の手段として、ブルーベリーを繁殖させることはどうでしょうか？

草苅　それは全く考えたことがありませんでした。本州ではブルーベリーの採取園が成り立っているようですので、山口さんのサイドビジネスとして、ハスカップの横でブルーベリーがあっても良いかと思います。

山口　個人的にも簡単に栽培できるのであれば、ブルーベリーの方がお金になるのでそちらをやりたいのですが、ブルーベリーは凍害に遭いやすく、雪で覆われる地方では良いのですが、雪の少ないこの地方での栽培は難しいので、ハスカップ一筋でやっています。

鈴木　ハスカップを核にした苫小牧発信のまちづくりで話をしたいと思います。草苅さんからも北海道遺産の話がありましたがいかがでしょう。

大西　冒頭にもお話しましたが、苫小牧市民に多くのハスカップの株を配布しましたので、家庭の庭にハスカップがあったりしますが、戦後急速に人口が増えて、商業形態や経済・産業が変わってしまった中で、苫小牧市にハスカップが息づくことが難しく、むしろ苫小牧市内からハスカップが消えてしまっています。ですから、これからは苫東の工業地帯の中でハスカップを市民と共有していくことが大事なのではないかと思います。先日、寺島実郎さんから苫東のインダストリアルパーク（産業公園）への提言が新聞にも出ていましたので、これまでの何十年か前からやってきたハスカップのまちづくりとは別に、違った形で苫小牧市民が苫東をもっと身近に考えてもらえることが大事なのではないでしょうか。

鈴木　苫東を身近に思える工夫について、会場にいらっしゃる苫東さんからご発言をお願いします。

苫東（成田社長）　あちこちで企業誘致のプレゼンテーションを行う際に、苫東が一番大切にしているのは自然との共生で、その象徴がハスカップであることをお伝えしています。苫東にあるハスカップが貴重なものであることは認識しておりますし、多くの苫小牧市民の方に親しんでもらいたいとも思っています。

今週は、札幌の中学生が大型バス５、６台で苫東に来ていただいて、林から枯れた木を運び出したり、丸太を切ったりという森林体験を楽しんでもらっています。

その場所は平成19年に全国植樹祭が行われたつた森山林横の広場です。一度に200人ぐらいの子どもたちに自然の体験をさせても先生の目が届くという、国内でもそう多くない場所であることが旅行代理店の口コミで広がっているそうなので、我々としても多くの方に来ていただいて利用・体験してもらい、その中でハスカップについても良く知ってもらえるようにしていきたいと思います。

苫東（望月専務）　苫東では1.5万本のハスカップを保存していて、多くの方々に開放できればよいのですが、非常に貴重なものなのできちんと保存しなくてはならないとの強い認識があります。このため、以前のように苫東から里子に出す、幼稚園や小学校に移植するなどの方法で、市民の方々のためになるようにと考えています。

鈴木　1カ所だけで保存することが危険なのは、例えば山火事などですべての遺伝資源が燃えてしまう可能性があり得ます。できれば貴重な資源は分散して保存するのが望ましいですが、個人や企業だけでも無理なので、ある程度は行政や国が関わってやっていかなければならない問題です。それくらい、野生のハスカップの遺伝資源は重要であることに声を上げていくことが重要です。

大西　この街を担っていくのは地元の子どもたちなので、市内の子どもたちに開発や経済ではなくて、教育の部分から苫東で汗を流す体験を含めてハスカップにつなげていくことが重要です。

ハスカップが苫小牧にとって素晴らしい資源であることを苫小牧市民が知らないので、今日を機会に苫東での自生のハスカップの保存につなげられれば、まちづくりからも入っていけるのかと思います。

鈴木　コモンズの利用・植生の保全について、今後の取り組みでご意見をお持ちの方はいらっしゃいませんか？

会場D　種の保存と身近でハスカップが見られるように移植するということでしたが、勇払原野に多く自生したハスカップは、どういう土地に変えていくとよりよく育つものなのでしょうか？

山口　山に植えたり田に植えたり、栽培なので肥料を与えたり、害虫の防除もしておりますが、数年前から“自然栽培”として何もしない栽培方法も取り入れています。ハスカップは非常に強い植物でどんな環境でも生きていけるのではないかと感じています。先ほど紹介した品種登録した「ゆうしげ」は野生種ですし、「あつまみらい」は野生種を自然交配したものですので、遺伝子的には自然に近い状態ですので、種を取ったとしても違うものが出るかも知れません。

鈴木　元々の自生地は泥炭地でした。ハスカップにとってその生育環境が良かったのかは分かりませんが、ここ数百年の環境を考えるとそのように思われます。勇払原野以外にはないのは、他の植物に負けてしまったためなのかも知れません。野生の状態を保った栽培方法としては、自生地に近い環境で残すことが重要です。栽培化も果樹として重要なことですので、栽培化と資源を保存するのは別のことと割り切って認識して取り組むのが良いと考えます。

鈴木　今後の生態系の保存と人の関わりについて、原田さんと草苅さんからご意見お願いします。

原田　草苅さんからハスカップ・サンクチュアリでハスカップが枯れていて、植生が変わっている中で何とかしなければいけないというお話を伺って、そこにいろいろな方がかかわることによって、周辺の自然に目を向けるきっかけになるのではないかと思います。

サンクチュアリではどのようにしていくと、ハスカップがまた勢いを取り戻すことができて、どのように人がかかわることができますか？

草苅　原田さんがおっしゃったことが今日のテーマなのだと思います。これまで、ハスカップを川上から川下までの何人かで取り上げて話す機会がありませんでしたので、そのきっかけとなっていただければと思います。

復元や保全していく方法は試行の最中で、具体的には栽培技術のイロハ、すなわち、林内の明るさを確保するための近接木の除去や、若返りのための株切りなどです。気になっているのはハスカップの寿命が何年なのかということです。40年前にサンクチュアリに行ったときから大きさがほとんど変わっていない印象があります。枯れ始めている枝も太さは直径45ミリメートル程度で、年輪を削ってみても50年程度までしか読むことができないのです。

北大の演習林では270年前にあった大噴火の降灰で全滅しているという認識ですが、研究林の中には直径1メートルぐらいの原生林があって、200年ぐらいで復活したと考えられています。鳥がミズゴケの中に種を運んだであろう、高さ10センチメートル程度のハスカップ実生の苗がびっしりと生えているところが苫東にありますので、ハスカップも270年前に全滅したと考えると、ミズゴケのあるようなところで復活したのではないかと考えれます。しかし、40年前と太さは変わっていないように見えるのです。

ここで言いたのは、勇払原野でハスカップの一番太いものを見つけて、それをシンボルツリーのように勇払原野のSomething Great（何か偉大なもの）として前面に押し出し、子どもたちの環境教育で触れることと同じように大人も自然に影響のない形で、原野のご利益にあずかるということをしてはどうか。これまで貴重なものは遠くに保存してきましたが、そこから少し踏み出しても良いのではないかと思います。

大西　草苅さんもおっしゃいましたが、ハスカップ、勇払原野、現苫、苫東、栽培をしている山口さんなど、いろいろな視点で話ができたことに意義があるのだと思います。

鈴木　苫東地区全体でハスカップをもっと盛り立てていくということだと思います。勇払原野が世界のハスカップの発祥の地ですから、もっとPRして苫小牧地域の発展につなげていければと思います。

熱心な意見交換、ありがとうございました。

第５回環境コモンズフォーラム

コモンプール資源
ハスカップの
新たな共有と保全を考える

平成27年６月27日（土）　13:30～16:00
苫小牧市サンガーデン研修実習室
主　　催　環境コモンズ研究会（北海道開発協会）
　　　　　NPO法人苫東環境コモンズ

■基調提言１　自然資源の共有をめぐる知恵と苦悩

東京大学大学院農学生命科学研究科附属演習林助教　齋藤　暖生　氏

皆さんこんにちは。大学の研究・教育のために森林を管理している東京大学の山梨県山中湖村の演習林から参りました。苫小牧市にも北海道大学の苫小牧研究林があるので馴染みが深いかと思いますが、その富士山麓バージョンと思って頂ければ良いかと思います。

お話させていただく「自然資源の共有をめぐる知恵と苦悩」はシンプルな問題ですが、解決が難しい問題です。大まかにいうと、自然はみんなのものか、一部の人たちのものか（開くか閉じるか）という問題で、この問題を巡っては、侃侃諤諤（かんかんがくがく）やってきたのが人間の歴史です。

●閉じるか、開くかのジレンマ

まずは、この問題をめぐる歴史的な動向を大雑把に見てみます。自然は元々、誰のものでもありませんでした。自然が無限にあれば問題なかったのですが、人口が増えてくることで自然に限界があることが分ってきて、資源によっては人間が管理しなければ次世代に続かない事態もあり得るようになりました。

人間には自然を利用して豊かになりたいという短期的な欲求があって、それをやりすぎることで、長期的に見ると資源を食い潰して立ち行かなくなるというジレンマが生じます。日本でも、高度経済成長期に公害（環境汚染）という形で出てきたり、資源の枯渇という問題に見舞われたりしました。やがてこうした問題が「コモンズの悲劇」として指摘されるようになり、自然資源を無主物のまま扱うと悲劇が起こることが分ってきました。

一方、長い歴史の中では「コモンズ」としてみんなで使うことが続いているところもあります。そこでは、制度によって一部の人だけにしか使えないようにすることで自然への利用圧をコントロールすることが一定の答えとして出てきています。

さらに時代が進むと、制度を緻密にして個別の所有権を高めて排除性を高めることは自然保全にとっては良いが、社会的に非効率で損失になっているのではないかという次のジレンマも指摘されました。つまり、個別で囲い過ぎると適切に使われるべき資源が適切に使われないという「アンチコモンズの悲劇」の問題が発生します。

今、問題となっている森林放置がこれにあたります。個人が所有する森林に他人がアクセスできず、放置している森林を使いたい人がいても使えない状態で、社会的に非効率になっているということです。また、木材を使わないことで、藪（やぶ）となり景観が悪くなったり、森の中が暗くなることでそこにいた動植物がいなくなってしまったりする問題も指摘されています。

限られた資源でアクセスできる人が少ないことは、有限な資源の生態系利用サービスが行き渡っておらず、非効率になっているともいわれています。自然とのつながりが切れてしまい、自然に親しむことから自然が保全される社会が生まれる考え方の障害になっていると指摘されていて、最近ではどの程度開くのかという問題に直面しています。

● コモンズと資源管理

自然が無主物の時代にそれではいけないと警鐘を鳴らした論文として、生物学者のギャレット・ハーディンの「コモンズの悲劇」があります。この時期に環境問題に関心のあった彼は、地球の資源は有限なのに世界の人口が増えることが環境問題の根源と考えた、「The Tragedy of the Commons」（コモンズの悲劇）の論文が出され、この中で悲劇のシナリオが書かれています。

合理的な個人の牧夫が、誰もが使える放牧地（コモンズ）に自分が放つ家畜を増やすことで自分の利益が増えることを考えます。牧草は有限なので増えた家畜の分だけ1匹当たりの家畜は痩せていきますが、その負担は牧草地に家畜を放した牧夫みんなで平等で負担する構造になることから、牧夫全員が家畜を増やすことで、牧草地がもたなくなって崩壊するというものです。

ハーディンはこのシナリオで、共有（コモンズ）だからダメだということを説いていて、“私有”か“公有”にすべきだといっています。個人で囲ってしまえば（私有）過放牧によるデメリットは自分に返ってきますし、公有にすると政府が科学的なデータに基づいて規制して管理することで、結果的に持続可能になるということです。

彼の処方箋は途上国において、実際に国有（公有）の資源管理政策に採用されています。**（※このことで問題が起きていますが、今日の話からは離れてしまうのでお話はしません）**

しかし、実際の伝統的なコモンズのスイスのアルプ（放牧地）、スペインのウエルタ（灌漑用水）、バリのスバック（灌漑用水）、インドネシ

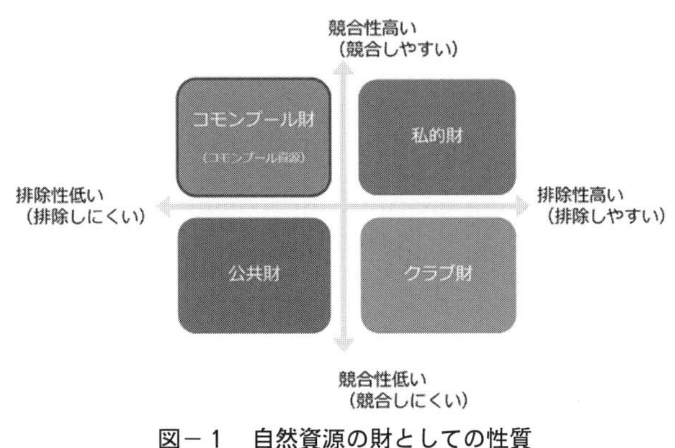

図－1　自然資源の財としての性質

アのサシ（海岸）、日本の入会などでは、利用圧をコントロールされている例があって、北米でコモンズ論が台頭してきました。コモンズ論での基礎的理解として、自然資源は資源の性格上、図－１に示したコモンプール財（あるいはコモンプール資源）と捉えられます。

私的材であるペンは競合性が高く（使っている時は他の人が使えない）、排除性も高い（しまってしまうと他の人が使えない）。木材は伐って使ってしまうと他の人は使えません。また、伐ることをコントロールすることは、人はどこからでも森の中へ行くことができてとても難しく、排除しにくい性質を持っています。ハスカップを含む自然資源一般がコモンプール財にあてはまり、競合しやすくて排除しにくいものなので宿命的な課題が二つあります。

排除しにくいことから、一つ目のフリーライダー（ただ乗り）問題があります。資源管理のために義務を果たさない、ルールやマナーを守らない、次世代を育てる作業に参加しないなどのならず者も資源にアクセスできてしまう問題があります。そのために二つ目の問題が発生します。競合しやすいので、ならず者を含めて資源を利用してしまう結果、過剰利用問題（共有地の悲劇）が起きやすいのです。

そこで、私たちの先祖は共同体の村（コミュニティ）で暮らす中で、こうした扱いにくい資源を子子孫孫（ししそんそん）使っていくため、知恵でその悲劇を回避したので、私たちがその資源の恩恵を受けられるのです。その知恵には、フリーライダーが出ないように権利のある人（村の人など）を決め、かつ領域も明確化することもしてきました。解禁日や区域を限定したりする利用上のルールを設定し、不正な利用者のモニタリングと罰則規定をつくって違反者が出ないような仕組みも考えられています。

ハーディンの論文では、全くの自由のことを“コモンズ”といっていましたが、伝統的なコモンズでは全くな自由ではなく、制度があることが大事であることがコモンズ論によって明らかにされました。さらにこうした制度は、行政や政治家が作った上からの押し付けではなく、利用者自らが自主的に話し合って築き、変更を重ねてきたものであることも高く評価されています。

● 自然資源を利用する制度

その上で、コモンプール財においては、あるものはオープンアクセス（非所有制度）のままにしていたり、ある場合には公的所有制度で政府が管理していたり、ある部分では個人に管理させる私的所有制度でと、いろいろな所有制度が社会的な工作物として当てはめられています。コモンプール財である自然資源は、みんなが使いうる性質を持っていますが、そこにいかに制度を乗せるかが大事なのです。

（※ハーディンの「コモンズの悲劇」は後に「オープンアクセスの悲劇」と修正されています）

伝統的に行われていたコモンズの制度としては、日本では入会や稲作をするときの水利（慣行水利）、沿岸漁業が共的所有制度で自然資源を扱ってきたものにあたります。

典型的な制限に道具の制限があります。木を伐る際に音のする斧は良いが、音のしないのこぎりはダメだということがあります。これは音によって、認められた伐採なのかが判断できるということです。海の場合には、漁網の網の目を大きくすることを定めているところがあります。苫小牧のホッキ漁でも９センチメートル以下のものは獲らないというのがあるそうですが、サイズを限定することで自然の保全を図っている例です。口開け（解禁日）も自然保全を図る上での典型的なテクニックですし、草山（くさやま）※1では、草の実（種）が落ちてから解禁するのは生物の次の世代を配慮したやり方でもありました。その他に競争の回避などのやり方もあります。ハスカップでもある程度、熟れてからでないと採ってはいけないと制限をすると、実が落ちたり鳥が食べたりすることで次世代を確保できるので、そのような制限が必要になるかも知れません。分割利用などといいますが、山を区域に分けてアクセスできる人数を制限してグループを順に回すなどの制度もつくられてきました。

紹介したテクニックは、昔からあったものではなかったようで、最初は誰もが自然に自由にアクセスできていたものが本来の姿だと思われます。

※1　草山
秣(まぐさ)や萱(かや)などの採取を目的とする場所

● 排除性が高められる過程

これから紹介するのは、やや特殊な事例になりますが、京都府におけるマツタケの入札制度です。これは分割利用の一つですが、自由な制度から排除性を高めた制度にどう変わっていったかを紹介したいと思います。

マツタケの入札制度は、マツタケ山があって村がマツタケの採取権を入札で決めます。最初は江戸時代の初めに神社や藩で行われた入札制度でしたが、その範囲が江戸時代の末期から大正時代にかけて徐々に広まって村(今の集落など）による入札になっています。

範囲を地図に落としてみると京都盆地から鉄道や道路によってその地域が広がっていることが分ります。つまり、売れるように（お金になる）なって、制度は自由採取から入札制となって排除性が高まってきたということです。落札金収入の村の収入に占める割合が大きく、個人所有でも共有でも入札対象とした「全山入札制度」と呼ばれるものが多く生まれたことも興味深いことです。

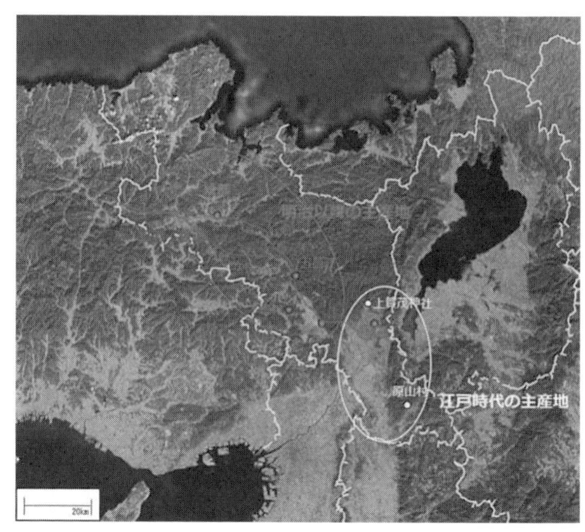

図－2　入札制度の範囲

ともあれ、商品化を契機として、自由だったところから利用のルールを明確化することで、利用圧のコントロールを図られてきたということを示しています。

ルールが明確化する（排除性が高まる）ときには、ほかにもいくつかの契機があるように思われます。過去の研究でもいろいろな指標があります。たとえば、単位面積当たりの生産額が高い資源に関しては個人で囲い込んだ方が良く、単位面積当たりの生産額が低い資源は共同的にやってきたという整理があります。単位面積当たりの生産が高い小麦を考えると個人で経営した方が良いですし、牧草地だと広い面積があってようやく生産が上がるというものなので、共同的に行われているということです。

ダイソン・ハドソン＆スミスのモデルは、資源の予測可能性と資源密度に着目しています。北海道のニシンの場合、回遊魚なので資源の予測の可能性は低く、資源密度も低いものなので「B分散と移動（行って獲る)」になることに対して、ハスカップの需要が高まると次のような可能性があります。あそこに行けばあるということで資源予測の可能性は高く、資源密度も高いものなので「C地理的に安定したテリトリー」になるかと思われます。

みんなで使っていたものでも、だんだん資源に対して利用圧が高まると次第になわばりが形成され、それらが隣り合うようになって、最後には競合することが人間社会から観察されています。例えば、外の人がたくさん採るようになった場合も、排除性が高まる原因の一つになると捉えることもできます。

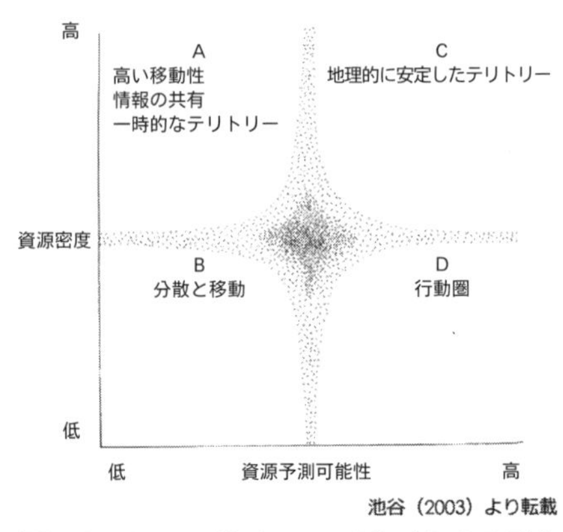

図－3　Dyson-Hudson and Smithのモデル

土地所有の観念も大事で、マツタケの入札制度も最初は全山入札制度で採取権を買わないと自分の山でも採取できないものでしたが、時代が変わって昭和50年頃になるとその制度がおかしいという声が出てきて、「法的根拠に基づく売買契約で個人の権利を有しながら、個人の権利も自治会は剥奪している」土地所有権を持って他者を排除しようとする記録があります。

排除性を高める契機となる社会的な要因をまとめると、利用圧の高まりとして、商品化や交通の便が良くなることによる外からの採取者の増加が挙げられます。また、草山では資源の獲得の確実性を高めるために毎年火入れをすることや、薪炭林では薪を得るために萌芽更新をさせるなどが行われていましたが、栽培も含めて、なんらかの投資をしている場合も要因となると考えられます。最後の土地所有の観念は近代的な出来事であるといえます。そうやって、全体としてみると、わが国でも自然資源への排除を社会的に高めてきた流れがあります。

次に排除する困難さを経験した事例を紹介します。岩手県西和賀町では大部分が国有地で無主物として、山菜・きのこを自由に採取してきましたが、林道が延びたり道路が整備されたりすることで外から多くの人が採りに来るようになって、利用圧が高まりました。それを排除するために30年ほど前から地区単位に入林権を発行する制度にしていましたが、近年になって入林権販売が低迷して、その収入では監視人の人件費がカバーできない事態となっています。コントロール（排除）にはコストがかかり、入林権制度でそのコストを賄えないという壁にぶつかっています。

● オープンアクセスを考える

オープンアクセス（非所有制度）については、北欧の万人権に代表されますが、ここではスウェーデンのことを詳しく取り上げます。スウェーデンでは、土地の所有者に関係なく、誰もが自由に森林、湖沼で散策・採取や釣りを楽しむことができます。このことは中世までさかのぼることができる慣習だそうです。ここでも1900年代初頭に土地所有の観念で衝突があり、ルールとモラルに関することを明確化したのが、現在のスウェーデンの万人権の基になっているようです。

現在、万人権を守り、環境保護するために「Don't disturb, don't destroy（乱すなかれ、壊すなかれ）」を徹底する教育を行っており、万人権に関しては自然に親しむ人を次世代に育てることを重要視して、環境省が管轄しているそうです。

ヨーロッパには、立ち入りと決められたものを採ることができる自由アクセスは、ノルウェー・スウェーデン・フィンランドで認められていて、採取はできないが立ち入ることのできる限定アクセスを認めている国には、デンマークやスコットランドなどがあり、土地所有者しか採ったり立ち入ったりすることを認めていない国もあります。面白いのは、自由アクセスが認められている国々の人口密度は低い傾向にあるということです。日本の人口密度は340人/平方キロメートルぐらいなので、限定アクセス又は非アクセスにならざるを得ない規模があります。ただ、北海道に関しては自由アクセスできる人口密度のところは多くあると思われます。

参考：日本343人/㎢

	国名	人口密度（人/km^2）
自由アクセス ・採取OK ・通行OK	ノルウェー	17
	スウェーデン	20
	フィンランド	16
	アイスランド	3
限定アクセス ・採取NG ・通行OK	デンマーク	126
	スコットランド	66
	アイルランド	65
	オランダ	393
	ポーランド	123
	スロバキア	111
	ドイツ	225
	スイス	190
	オーストリア	99
非アクセス ・採取NG ・通行NG	ベルギー	364
	ハンガリー	108
	ギリシア	81
	イタリア	193
	スペイン	85

図－4　自由アクセス制の背景

昨年、スウェーデンで行った調査では、これまで万人権が基本的に大きなトラブルなくこられたのは、法律に規定されていることの他にマナー（規範）が優れていて「Don't disturb, don't destroy」が徹底されていることにあるようだということが分かってきました。アンケート調査の結果からは、環境保全や迷惑回避の認識が強いことが読み取れました。万人権についての知識を学校で教えるのはもちろん、家族でベリー摘みやキノコ採りに行った中で規範を学んでいて、土地所有者に迷惑をかけないという行動が身につく仕組みが社会にできているからこそ、オープンアクセスが受け入れられているのだと考えられます。

● 資源と地域社会の特性を踏まえた仕組みを

自然資源をめぐる管理は、開放か排除するかという軸で整理することができます。極めて開放的なのがオープンアクセスの万人権といえ、極めて排除的な制度として私的所有制度、公的所有制度になります。その真ん中に共的所有制度として伝統的なコモンズがあります。通常「みんなのもの」というと、主に非所有制度と共的所有制度の部分を指しますが、排除の度合いが時代や対象とする資源によって違ってきますので、この間を常に揺れ動いているものと考えられます。

（※私的所有制度や公的所有制度にあっても、「みんなのもの」と捉えられるような場合もあります）

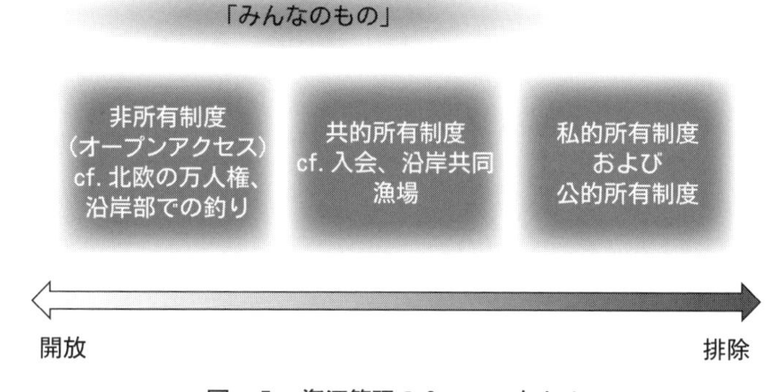

図－５　資源管理の２つのベクトル

排除と開放にはそれぞれ利点と難点があります。開放した場合には過剰利用の防止には難点を抱えますが、管理コストがかからない、自然とのつながりを次世代に継承できる、生態系サービスの恩恵を受けられる、という利点があります。排除の場合は、この逆です。生態系サービスの恩恵について詳しく見ると、オープンアクセスだと採ること、歩いて間近で景色を楽しむこと、遠目で見ることも享受できますが、非アクセスでは遠くから眺めることしかできず一部のサービスしか享受できないことになります。

これまでの話をまとめると

・自然資源は排除し難いので、もともと「みんなのもの」になりがちな特

性を有している

・「みんなのもの」として持続的に利用・管理していくことは、どこまで排除的にするか、開放的にするか、というさじ加減の問題
・排除につながる契機としては、商品化や資源利用者の拡大、資源生育のための投資、土地所有観念がかかわってきている
・排除を徹底するには労力（コスト）がかかる
・資源特性、地域特性に応じたメリット・デメリットを勘案して、排除と開放のバランスを考える必要がある（時代によって変わる可能性あり）
・北欧の教訓から、ルール・規範を共有できる範囲を見定め、あるいは共有のための仕組みづくりが重要

最後に自生するハスカップについては、生育地へのアクセスは排除しにくいのですが、生育地では、資源密度が高く、収穫の予測可能性も高いので利用のコントロールはしやすい資源だと思います。採取も手で一粒ずつ摘みますので、採取効率は悪いです。摘んでいるのは実で、山菜と違って非・栄養器官（繁殖器官）なので、資源劣化しにくい性質のものです。現地で話を聞いて分ったのですが、採取活動にリスクがあって、平坦なので道に迷う、あるいは遭難するといったことがあることと、藪こぎでダニにかまれたり蛾や蚊に刺されたりという害虫被害もあるので、参入障壁は意外と高い資源なのではないかと思いました。

ハスカップの自生地

■基調提言２　ハスカップを過去から未来に「つなぐ」ために

苫小牧市美術博物館主任学芸員（当時）　小玉　愛子　氏

これまでいろいろな方たちがハスカップに関して多くの取り組みをされてきたことを踏まえて、ハスカップがどういうもので、どこに生育して、どうされてきたか、そして、私たちがハスカップについて何をしようとしているのかについてお話させて頂きます。

前置きついでに私自身とハスカップについてお話します。私は苫小牧出身で苫小牧育ちですが、私の両親は共に苫小牧出身者ではありません。二人とも就職のために苫小牧に来たということです。もちろん、両親が生まれ育ったところではハスカップが生育するような低層の湿原はなく、海沿いの漁村だったので環境的にもハスカップを見たことがなかったと話しています。

そんな両親から生まれた私なので、苫小牧に住んでいながらハスカップを摘みに行ったという話を聞かずに育ったわけです。５、６歳の時に友だちの家でお母さんがハスカップの砂糖漬けをつくるときにハスカップを見たのが初めての出会いでした。苫小牧市の木の花がハスカップということで、幼稚園や学校で教えられていましたが、実際に原野に自生しているハスカップを見たのは博物館に勤務するようになってからです。大学では森林科学を学びましたが落葉広葉樹林帯ということで、ハスカップとは縁のない森の奥がフィールドでしたので、この道に入らずに別の生き方をしていたら、苫小牧出身といえどもハスカップや勇払原野を知らずにいたかもしれません。既に、私たちの次の世代が育っていますが、そんな私の経験から苫小牧でハスカップをよく知っている人間が育つのかを考えるきっかけになりました。

NPO法人苫東環境コモンズとハスカップに関する取り組みを一緒に行

なっていますが、これを契機に市民の皆さんにハスカップについてふり返る機会としていただきたいと思っています。

●ハスカップについて

皆さんご存知かもしれませんが、ハスカップの正式名称は「ケヨノミ」といって、冬には葉を落とすスイカズラ科スイカズラ属の落葉小低木です。「クロミノウグイスカグラ」というのも聞いたことがあるかと思いますが、こちらはケヨノミを母体とした変種です。

両方とも、葉の形は長いだ円形だったり卵型で、北海道の湿原でハンノキが生えるような低層湿原に分布します。標高の高い所やアジア北東部、本州でも一部確認されています。他にも古い分類体系では「ヒロハヨノミ」とか「マルバヨノミ」もありますが、これらをひっくるめて「ハスカップ」と呼ばれています。

勇払原野には、「ケヨノミ」と「クロミノウグイスカグラ」の２種類が混在しています。その判別は非常に難しく、図鑑には葉の裏の毛の多さの違いと書かれていますが、毛の多さは個体差が激しく、時期によっても違いがあるので簡単ではありません。

ハスカップの語源については、アイヌ語で正しくは「ハシ・カプ」といい、枝の上にたくさんなるものという意味です。他にも、頭の粒が丸いという意味の「エヌミタンネ」「エヌンタンネ」「エノミタンネ」と呼ぶ地域も道東にあると「知里真志保著作集」に記載されており、これが「ユノミ」の語源といわれていますが、これが勇払から広がったものなのかは調べてみる必要があります。「知里真志保著作集」の分類アイヌ語辞典　植物編・動物編に“沼ノ端駅で、ハスカップ飴やハスカップ羊羹（ようかん）の呼び売りをしている。”との記載があります。

北海道の植物を研究されている千歳在住・五十嵐博さんが示した、北海道におけるハスカップの分布を見ると勇払や釧路、日高山脈の日高側に分布していて、湿地のある海沿いや標高の高い所に生息しており、道央や日本海側では出現していないことが分ります。北大や植物園の標本庫にはサハリンやバイカル湖のものがあって、「樺太植物誌Ⅳ」には「サハリンでは海浜の草原地に生ず」と書かれ、知床や千島、北海道、朝鮮半島にも分布と記載されています。また、本州でも一部見られていて、明治15年に宮部金吾先生が日光赤沼で採取した標本が北大博物館に残っていますし、その他にも比較的標高の高い所で採取されているようです。

ハスカップは5月〜6月にかけてクリーム色の花を咲かせて、6〜7月に結実し、実が濃い紫色になったら食べ頃で、7月中旬が旬です。苫小牧では樽前山神社のお祭りの頃が食べ頃といわれていますが、ここ数年は少し早まっているようです。

自生地のハスカップ

ハスカップを利用する生物については、シャクガの幼虫などがいますが、勇払原野ではイチモンジチョウの幼虫が食草として利用していることを苫小牧市内の蝶の研究家の神田正五さんが論文等に書かれ、情報を提供してくれています。その他に、鳥や哺乳類が食べている可能性もありますが、今のところ目撃情報の記録や果実を利用しているという話はありませんので、もう少し調査して皆さんにお話しできる機会がありましたら報告したいと思います。

ハスカップは、高山や火山礫地をベースとした湿原や原野に生育しています。図鑑では背の高さは1メートル前後との記載もありますが、場所によっては人の背よりも高くなっている株も見られます。

苫小牧でハスカップを利用した記録があったり、象徴的なものとなっているのは、苫小牧（勇払原野）にハスカップが生育する環境が広がっていたことにつながります。当苫小牧市美術博物館で募集している「ハスカップの思い出」にも徐々に情報が集まっていますし、過去にも勇払とハスカップについての取り組みや記録が残っています。

● ハスカップと人のかかわり

先ほどお話した、沼ノ端駅でのハスカップ羊羹や飴は、苫小牧民報社で出しているフリーペーパー「Cocot」7月号の「ふるさと鉄道紀行」では、沼ノ端に住んでいた方々が、地域を活性化しようとハスカップを利用して尽力されたということでした。個人で利用していたハスカップが地域おこしのために利用されてきたことも押さえておきたいと思います。

その他にも、ハスカップはお菓子などで利用されたり、品種改良や栽培の取り組みもされると同時に、原野に残るハスカップに関係する保全もされているので、今後整理していきたいと思います。

これまでに、ハスカップに関係する整理されたものとして、昭和54年に苫小牧郷土文化研究会で発行された豆本「ハスカップ物語」がありますし、その後も昭和61年に市民投票の結果、ハスカップが苫小牧市の木の花となっていることが市史にも載っています。現代では苫小牧市のゆるキャラ「とまチョップ」が首からぶら下げていたり、小学校の副読本に取り上げられているなど、苫小牧のシンボルとなっています。しかし、実際の原野に行ってハスカップを見たことのある子どもたちはどのくらいいるでしょう。家族と一緒に摘みに行ったことがあるなどした場合を除くとほとんどいないと思います。ですから、ハスカップが原野の茂みに生育していることがイメージできる場をつくる必要があるのではないかと感じています。

実際にウトナイ周辺のハスカップが自生しているヨシ群落に入ると、エゾミソハギやホザキシモツケなどの花が咲いている中にハスカップがあったり、別の群落では、ネジバナ、ハナイカリ、以前はありましたが、消滅してしまった高山植物のイワブクロと一緒になっていたり、ヤチヤナギやウラジロタデ、イヌゴマ、ヒメシダなどの背の低い植物の間でハスカップが生育しているところも見られます。

話を聞いていると、沼ノ端駅近くに整備されたウトナイ鉄北通りなどでも、かつてはハスカップが自生する原野が広がっていたということです。

エゾミソハギ

ホザキシモツケ

ネジバナ

ハナイカリ

イワブクロ

●ハスカップを未来につなぐ

ハスカップは、勇払原野では「当たり前」の存在でした。ハスカップの栽培や商品化が進んではいますが、自生種の生育環境は変化していて、博物館としては未来を展望するために苫小牧（勇払原野）の歴史・自然史の「原点」にハスカップというフィルターを通してもう一度振り返り、後世の人たちに伝えたいと考えています。

これから行いたい取り組みは、NPO法人苫東環境コモンズと協力して、過去の自生地や利用の方法の聞き取り調査と生育地の確認の他、現在の生育地の環境特性についてハスカップが好む環境があるのかを含めて調査したいと考えています。

苫小牧市美術博物館では、来年の２月13日～３月13日にハスカップの企画展を行います。そのため、ハスカップに関する資料や情報の収集と編纂を行っています。この展示だけではなく、これから先も勇払原野の動植物について展示や教育普及事業などいろいろな活動をしていきたいと思っています。

ハスカップを時間軸に、勇払原野とそこに生きた人、生きている人たちの「過去」と「現在」そして「未来」をつなぐことができないかと考えています。

■報告　ハスカップ・サンクチュアリの現況について

NPO法人苫東環境コモンズ　事務局長　草苅　健

齋藤先生からは、私たちがテーマにしているハスカップをどう捉えるべきかの概念と把握の仕方を紹介していただき、地域のローカルな資源をみんなで共有しようとするときには、コモンプール資源（CPRs）が大事な視点であることが非常に良く分かりました。

小玉さんには苫小牧のローカルな資源であるハスカップとそれを取り巻く勇払原野がどういうものなのかを博物学的な観点から示していただきました。

私たちのNPOでは、日本あるいは北海道でハスカップの一大群生地といわれている苫東の勇払原野の一画を「ハスカップ・サンクチュアリ」と勝手に名付けて調査をしていますが、今日はそこで分かったハスカップの現状について報告します。

苫東にあるハスカップの群生地が日本一なのかどうかは、実は根拠が明らかでありません。NPOでは、自生地として確認されている地域の情報も得ながら勇払原野の位置づけを再考してみたいと考えており、釧路湿原の温根内ビジターセンター周辺に群落があるということなので、同じ様な調査を来週予定しています。

私たちの調査は、衛星から送られてくる電波で地球上の位置が分るGPSと呼ばれる測定器具を用いて、木の種類を限定してその場所を確定する作業をしています。そうすることで、日本野鳥の会さんが、野鳥の立場から勇払原野を見ておられるのと同じように、私たちは勇払原野をハスカップから覗くことになります。普通は、湿性の植物とかもっと大きな視点で捉えるのですが、ハスカップから見ることによって、勇払原野の植物の移り変わり（遷移）を可視化するのがねらいです。

ここ10年程前から群生地の一角で、非常にむごい状態で枯れている植物があって、それをハスカップだと思い込んで見ていましたが、実はハスカップと同じ仲間のベニバナヒョウタンボクであることが分りました。また、群生地の中には土地が乾燥することでできるミズナラとコナラの林がだんだんと広がって、このままではハスカップがなくなるのではないかという危機感を持ち、一昨年前から調査を行っているところです。

枯れたベニバナヒョウタンボク

今日は、最終的に今するべきことは、何なのだろうかを考察したいと思います。

● ハスカップ・サンクチュアリでの調査

私たちの調査の場所は、苫小牧港の西港から東港に向かう道道沿いで、いすゞ自動車を過ぎた安平川の右岸にあたります。地図には旧河川が見られますが、開拓の前にはこの旧河川の洪水によってこの一帯が水に浸かったであろうことから、ハスカップがここで自生するのもこの旧河川によって、位置付けられているものと考えられます。

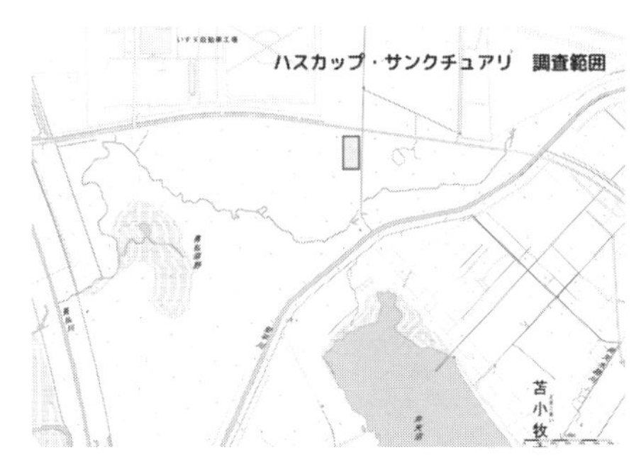

齋藤さんのお話にあった「コモンズの悲劇」は有名なテーマですが、ここではこれから「ハスカップの悲劇」が起きるのではないかという不安を持ちながら調査しています。

私たちがやっているのは専門的な植生調査ではなく、ハスカップとハンノキ、そしてベニバナヒョウタンボクが、それぞれどこにどう位置どりをしていて生きているのか枯れているのか、それとナラ類の有無を調査してプロットしています。

ハスカップ・ハンノキなどの分布図

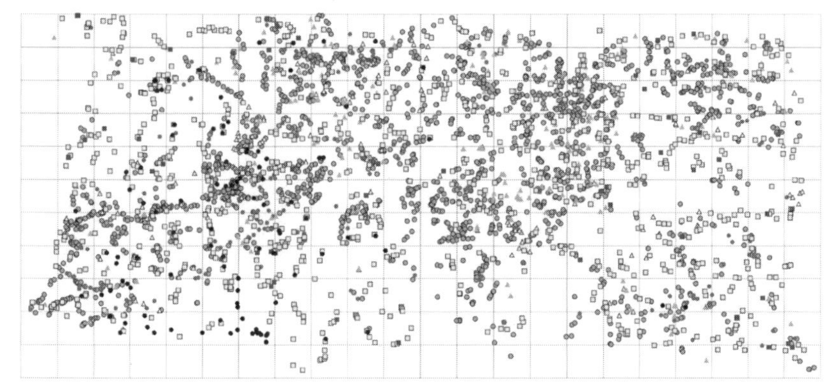

概観すると、ミズナラが生えてしまっているところには、ハスカップはほとんどありません。また、ハンノキが多い所にはサクラなどの他の木も生えていてハスカップが覆われつつあると考えてください。図のメッシュは10メートル四方で、ハスカップが混んでいるところには25～30本/100平方メートルで、１本の枝張りが1.5メートル程度としても上から見るとハスカップだらけという状態です。

示した図の面積は２ヘクタールです。歩くのも大変な原野で対象とする種を決めて調査をしていますが、その判別が難しいために花のある５月中旬から６月上旬の時期にしか調査しておらず、この範囲の調査には３年ほどかかっており、なかなか大面積には進めません。

自生地ではまずハスカップと同じ種類のベニバナヒョウタンボクが枯れて、それからハスカップが枯れるのではないかと仮設をたてています。心配されるハスカップは、ハ

心配されるハスカップ

ンノキやサクラに囲まれた鬱蒼(うっそう)としたところで樹高が3メートルぐらいと大きくなり、逆三角形状に開いたものです。日陰になったハスカップの枝は枯れ始めているので、ハスカップ全体はほぼ間違いなく枯れ始めるといえます。あとは地際からどの程度更新するかです。

ハスカップ群生地の中にはミズナラ・コナラ林がありますが、苫東の自然環境調査を担当した伊藤浩司先生によると、ヨシからハンノキ、それからミズナラ・コナラ林へと遷移する植生が、苫東ではその経過途中のミズナラ・コナラ・ハンノキの三種が一緒になって生えている群落がたくさんあって、先生は「ミズナラ・コナラ・ハンノキ林」と呼んでいます。それは7000年前には海底だった苫東の平坦な土地が当時の海流の影響などで50センチメートルほど砂が溜まって高くなったようなところに発生しています。当然、そこにはハスカップはほとんどありません。

勇払原野が乾燥し、将来こうなってしまうかも知れない場所として、昔ハスカップを摘みに行っていたという噂があった千歳のレラのそばの樹林地に行ってみました。そこには確かにハスカップが自生し、ヤマハンノキ、ミズナラ、シラカバ、カシワが一緒に生えていました。この状況を見るかぎり、この植生に変わるまでハスカップが絶滅しないで残ることが分り、これは一つの明るい材料かと思います。

今回の調査からは、

①2,500〜3,000本/ヘクタールに近いハスカップが生育している部分がある

②ベニバナヒョウタンボクが枯れ始め、ハンノキも一部枯れている

③枯れているハスカップもあるが、30センチメートルぐらいの幼木が見つかっていて更新されているものもある。種から芽を出した可能性は低いと考えられることから、倒れた枝から発芽する伏状更新をしているかも知れない

ということがいえます。

ハスカップは太いものでも根元の直径が50ミリメートル程度のものしか見つかっておらず、その年輪を数えると約50年であることから、50年ぐらいの寿命で新しいものに置き換わってきたことが考えられます。

● ハスカップの未来

ハスカップ・サンクチュアリを工業用地にすることを前提にしていた場合、そこは絶滅危惧種の野鳥の宝庫であり、かつハスカップの一大群生地なので、それは止めてほしいという声が出ないとも限りませんが、安平川の遊水地として保全され開発をしないということなので、自然を保全する側としては良い結果になったのではないかと思います。

しかし、持続可能な状態で維持する方法についての答えがありません。現状を知って手だてを考えるための一つの手助けとして、私たちの調査が活かされればと思います。また、その際にハスカップを地域の共有財産（コモンプール資源）として捉える必要があると考えています。

道道が整備されてハスカップ・サンクチュアリにアクセスしやすくなったため、多くの人たちが来るようになってきています。ハスカップの恵みをどのように共有するのか、あるいはどう守るのかと

●山火事跡

苫東を上空から見ると、運動場のトラックのようなのが見られますが、これは山火事の跡（右上）です。この辺には枯れた植物が分解されずに堆積した泥炭がむき出しているところがあって、そこにタバコの火が落ちるともぐさに火がつくように簡単に燃えます。一度火の着いた泥炭は簡単には消えないので、大型ブルドーザーで燃え広がらないように土（泥炭）を剥いだ跡です。

いう課題を考えていかなければならないと思います。

私たちが苫小牧市美術博物館さんとハスカップを中心にした連携事業を始めたことが、苫小牧市民あるいはハスカップに関心を持つ人たちの拠り所になるような情報交換の場（プラットホーム）になる一助になればと思います。私たちは常日頃、地球上で一番寿命が長い樹木を相手にしているので、私たちの寿命の倍、更にその倍以上のスパンで知恵を集めて考えても良いのかなあと思います。

苫小牧市美術博物館企画展
「ハスカップ―原野の恵みと描かれた風景―」関連イベント
ミュージアムラボ
座談会　ハスカップを語ろう

平成28年２月20日午前10時半～
場　所　苫小牧市美術博物館
演　者
北海道北方生物圏フィールド科学センター准教授　星野洋一郎　氏
ハスカップファーム山口農園（厚真町）代表　山口　善紀　氏
NPO 法人苫東環境コモンズ事務局長　草苅　健氏

注）本座談会で使用された写真や図は割愛しました。

（荒川館長あいさつ）

おはようございます。館長の荒川でございます。本日は企画展関連イベントにお越しいただき誠にありがとうございます。座談会では企画展の開催主旨に基づきまして、市の木の花であるハスカップについて、「調べる」、「育てる」、「守る」という３つの観点からお３方をお招きしました。この座談会がハスカップについて考え、未来を展望するのに良い機会となることを願っています。よろしくお願いします。

（司会：小玉愛子主任学芸員）

今回はハスカップを多面的に捉えたいと考えておりまして、ハスカップを植物学的にDNAなどの観点、ハスカップを栽培するという観点、そして守る、保全するという観点という３人からご講演をいただきまして、それぞれの立場から気になることなどお声を掛けていただければ、いろいろな広がりも生まれると思います。最後には皆さんと一緒にハスカップを色々な面から、感じられるような会になればと思っております。

調べる

北海道大学北方生物圏フィールド科学センター准教授

星野洋一郎氏

「調べる」という観点でお話させていただきたいと思います。まず多様性について、どんなことがあるかということと、ハスカップの世界の分布がどうなっているかというのを話したいと思います。ちょっと見づらい地図なんですけれども、ユーラシア大陸で、ここにロシア、中国、ここに日本があります。この色が付いている所に、ハスカップの分布があるということが分かっています。

これはちょっと昔の情報なんですけれども、平成４年にロシアの研究者の方が調べたという話です。文献情報では、日本にも分布しているのですが、分布がどうなっているかというところから、私の研究はスタートしました。日本のハスカップはどこにあるかというと、こういう所に自生しているということが分かっていて、苫小牧、個体数でいうと一番大きな自生地なんですけれども、他にも何カ所かに自生しているということが分かっています。自生地の様子を今まで探ってきたので、その写真を少し紹介していきます。

これは釧路湿原の様子なのですけれども、木歩道沿いにこのようにハスカップが生えていまして、果実がなっているのもあります。これは標津湿原と言って、道東の知床の近くにもこのような自生地がありまして、湿原に主に生えているということがあるんですけれども、山の方にも生えている個体もあります。湿原の所ではあまり大きくならないんですけれども、ハンノキなんかが生えてくると個体が大きくなっていく。これは函館の近くの山です。標高1,000メートルを超えている所ですけれども、近くにも自生地があります。これは様似町のアポイ岳ですね。これは上の方です。湿原にもあって、しかも山の方にもあるという、変わった植物だなというふうに思っています。

日本では、北海道以外にも実は自生しているところがありまして、私が確認した一番南である栃木県の戦場ヶ原という所にも自生しています。北海道の個体数が一番多いのですが、こういう地域も探索してきました。その結果、少し専門的な話になりますが、北海道には大きく２つのグループが自生しているということが分かってきました。染色体数が違う２つのグループです。２倍体というものと、４倍体というものです。私たち人間も染色体を持っていますが、通常のものが２倍体と捉えてください。

この染色体数を数えると、どっちのグループかということが分かります。大きく２倍体と４倍体という２つのグループはどんなふうに分かれて分布しているかと言いますと、少し見にくいんですけれども自生地の場所が書いてあって、地図で紹介したいと思います。２倍体の所はこの赤いマークがあるところ、具体的には釧路湿原、その隣にある別寒辺牛湿原、そこにある個体は全部２倍体の染色体数が少ないグループです。他の地域は全部４倍体なんですね。本州にあるのも４倍体ということで大きく２つの染色体数のグループに分かれているということが分かりました。植物が分化していく時は、基本的には２倍体からスタートするというふうに考えられます。４倍体は、２倍体に戻ることはないですね。ということは、２倍体というのがより古いグループであるということです。この地図を見まして、道東の気温の厳しい所に２倍体があるんですけれども、恐らく私の推測ですけれども、４倍体になると染色体数が増える。染色体数が増えると、色々な遺伝的な情報も増えて、色々な環境に対する適応能力が上がったのではないかというふうに考えられます。

４倍体になることによって日本の各地に広がっていったのかな、というふうな想像をしています。ちょっと専門的な話になるんですけれども、標高の高い所にある個体は、染色体の中のDNAの含量が少なくなっていくというような傾向も見られまして、これは最近分かってきたハスカップのおもしろい所です。標高が高くなっていくほど、染色体の中のDNAが小さくなっていく。

では２倍体と４倍体が混ざっていないかということが次に問題ですが、

苫小牧のこの地域のハスカップの100個体以上を調べたのですけれども、混ざって出てくるということはありませんでした。この地域のものはすべて４倍体、染色体数が多いグループに属しています。２倍体と４倍体が一番近くなるのは霧多布湿原と別寒辺牛湿原。別寒辺牛湿原は全部２倍体、霧多布湿原は４倍体。この掛け合わせ実験をしてみると、２倍体と４倍体同士はどうも上手く掛け合わせができないので、この２倍体と４倍体が混ざったようなものはできないのではないかというようなことが分かってきています。

では日本のハスカップはどこから来たのかという疑問があるので、平成24年から中国を中心に海外のハスカップについても調べてきました。ここの植物は北の方、つまりロシアと中国の国境沿いの方に多く、黒竜江省を中心に調べてきました。中国の内陸の方になります。中国語の発音はいくつか呼び名があるんですけれども、漢字にすると、こういう漢字「藍靛果」と書くそうです。カタカナで表すと、ランティアンゴというような呼び方をしていました。

中国でも、ハスカップを食べる文化があって、中国の市場でハスカップが売られているのを見ました。値段を聞いてみますと、大体500グラムで13元、日本円で160円くらいでしょうか。ブルーベリーよりもちょっと安いというような感じです。中国の大学でもハスカップの研究が始まっていまして、黒竜江省の東北農業大学では野生のハスカップを集めて品種改良の研究をしていました。色々な研究をされているんですが、多様性の話をしたいので写真だけで少し飛ばしていきます。

ブルーベリーなど小果樹を食べるような文化がありまして、ドリンクなんかはよく食事の時に出てきました。これはブルーベリーの販売の様子で、これはハスカップの販売の様子です。量り売りで、500グラム単位で売られていました。やっぱり果汁がどっと出てしまうんですけれども、そういうのはあまり気にせずに、瓶に入れて500グラムいくらですよということで売っていました。恐らく山採りしてきたものだと思います。こういう瓶に入れて販売しています。これはカシスですね、これはブルーベリー、野生のハスカップも見て来ました。まだまだ味の方はこれからの課題かと思うんですけれども、食べる文化という面ではたくさん広がっていると思います。

これは中国の試験場ですが、すでに品種の開発をしようとしておりまして、ハスカップと書いています。これはスイカズラですね。果実が大きいですよというニュアンスを込めていると思うんですが、こういう品種、名前を付けて、いい系統を選んでいる様子がありました。

中国のハスカップはどういうものかということなのですが、DNAの配列を調べて、日本のものとどう違うかということを調べてみました。その方法なんですけれども、DNAの部分を特定の所で切って、その長さを比べるという方法があります。色々な長さ違いのものを比べていきます。この比べ方なんですが、ある特定の所にこういうピークがあるかないかということで、これが同じものを共有しているほど近い仲間で、違うものがたくさんあればあるほど遠い仲間という考え方です。これを計算式に当てはめて解析していくと、こういう姿が見えてきます。これは中国で採ったハスカップです。日本で採ってきたハスカップは大きく２つのグループに分かれるということで、中国と日本のが入り交じるかなというような予測もあったんですけれども、日本と中国のは恐らく別系統ということが分かってきました。

自生地との関係性で見てみますと、勇払湿原のものは大雪山のものと比較的近いグループになっていました。さらに上に行くと釧路湿原とか霧多布湿原ということで、地理的に近いものほど近いという関係が分かっていて、中国のものとは遠いものという結果が得られていて、同じハスカップですが、DNAから見ると、日本と中国、２つのグループがあるということが分かってきました。

それで、日本には２倍体と４倍体があるというお話を冒頭でしたんですが、その観点で見たときにどうなっているかというと、２倍体のものから出発するので、２倍体がよりたくさん現れる所ほどハスカップのより起源に近いのではないかと考えられます。

２倍体は北海道でも冒頭の釧路湿原辺りにもあるので、それはかなり古いタイプのもの、４倍体になることによって各地に広がることができた。長い時間をかけて広がっているんですけれども、そういう予測を立てています。またロシアの研究者はハスカップというものを形態学的な情報に基づいて色々な名前を付けています。色々なタイプのハスカップがあるのでロシアでも色々な呼び方、ハスカップと呼ばれているグループで色々な名前を当てはめていてコレクションしています。

これはサンクトペテルブルクにあるバビロフ研究所でコレクションをしているものです。このコレクションをお借りしまして、同じようなDNAを比べてみました。少し専門的なところなのですが、どういう方法で調べたかというと、２倍体と４倍体を直接比べることはできないので、葉緑体という細胞質の中にある配列を比べると、２倍体と４倍体を一緒に識別することができます。葉緑体の中のある特例の配列、26個の配列があるんですが、その配列を１個しかもたないものをグループ１、２つ持っているのを２、３、４、５、６というふうに分けると、世界のハスカップを６個のタイプに分けることができます。これがその結果です。

この２というのが２つ持っているタイプとご理解ください。これを見てみますと、恐らく１というタイプのもの、中国の所にある１というタイプが一番古くて、日本のもの、北海道のものが基本的にタイプ２ということで１つのグループにまとまります。ただし、おもしろいことなんですが、栃木県にある個体は北海道のものとは全然違うタイプで、タイプ１とタイプ６というものが現れてきまして、日本の中も北海道と本州のものは違うタイプのものであることが分かってきました。北海道のものはタイプ２ですが、２というのは元来中国の東の方にも現れてくるんですけれども、こういうものと恐らく最も祖先が近いということが分かってきました。その後にタイプ１から６までのいろいろなバリエーションが生まれてきて、多様性が生じているということが配列の中から分かってきています。

それでも、この結果でも勇払、苫小牧エリアのハスカップはどこからきたのかというのは正確には分からないので、なぜこんなに大きな群落ができたのかということもあわせ私の興味があることの1つです。それから、湿原の植物のイメージが強いんですけれども山の上の方にも生えていて、環境が全然違うところなんですが、どんな風に違うのかということに私は今興味を持っています。以上です。

Q：小玉　因みに湿原と山と味は違うんですか

星野　多様な味があるということです。2倍体と4倍体を外見で区別することはできないです。ほかの植物は、染色体数が変わると外見で区別することが多いんですが、普通は4倍体になることによって果実が大きくなるというふうに考えられていますけれども、ハスカップは区別することができないという特徴があります。

Q：草苅　世界のハスカップを考えた時、今ユーラシア大陸の話でしたが北米大陸、特にアラスカあたりはどうなんでしょうか。

星野　ハスカップ自体、南半球には存在していないと言われています。北米は、カナダのグループが研究していますがまだ全体像が分かっていない状況です。私も2年くらい前に北米の方に行ったのですが、彼らは日本の遺伝資源に注目していて彼らの品種改良の素材はほとんどロシアと日本のものを使っていて、北米の方の遺伝資源は使っていないようです。アラスカについては文献情報では確認できるものはありませんでした。自生地は報告されています。

Q：フロア　2倍体と4倍体、外見上大きさでは区別できないということですが。

星野　栽培されているものは全部調べたわけではないですけれども、基本的には4倍体です。

育てる

厚真町　山口農園代表　山口善紀（よしのり）氏

今紹介していただいたんですけれども、サラリーマンを10年くらいやっていまして、その後、実家の農家を継ぎ、ちょうど今年で11年目になります。うちは、明治32年年、淡路島から開拓に入りまして僕で５代目です。100年以上続く米農家だったんですが、就農した平成17年に父が他界しまして米農家の技術を引き継がなかったということで、母が昭和53年から始めていたハスカップ栽培を専業として就農しました。

その当時、地元ではハスカップを作っている農家と言うことで結構知られていたので、これを使って何とか日本一のハスカップ農園になりたいなという途方もない夢を見て、そこで厚真町をまず日本一の産地にしたいと思いました。当時でいうと第一の産地は美唄、二番目が千歳、厚真町が３番目の生産量の産地でした。就農して母がずっと選抜していたものを調査して平成21年に「あつまみらい」と「ゆうしげ」を品種登録しました。そのほか、そういう実績が認められまして平成25年に地域特産物マイスターのハスカップマイスターになりました。この地域特産物マイスターというのは日本で200人くらいの方がいて、それぞれお茶マイスターとか言われるんですが、ハスカップマイスターというのは日本で私しかいません。

平成25年に、農林水産大臣の認定で６次産業化認定というのをもらいまして、移動販売車を作りハスカップのPRを行っている所です。去年、厚真町のハスカップをもっとPRしていこうということで、厚真産ハスカップブランド化推進協議会ということで副会長にしていただき、先ほど紹介があったように、4.3ヘクタール、約5,000本ということで、これは大体東京ドーム１個分くらいだそうです。

ハスカップの厚真町での栽培の始まりは、苫東開発の時に勇払原野で自生している株を移植したのが始まりです。厚真町では昭和57年くらいから大々的に勇払原野に株を採りに入っています。山口農園としては勇払原野に53年くらいから母が入って、３年間で約1,000本の株を畑に植えたと聞いています。このように栽培をほぼ始めたとき、昭和57年くらいだとハスカップの単価がキログラム3,000円以上ということで高値で取り引きされたんですが、栽培が進むにつれてぐっと下がってきて、本当に、安い時だとキログラム1,000円くらいということでかなり需要によって値段が上がったり下がったりしました。ほかの産地も増えてきているということで、厚真町的に他の産地と差別化するようなことをしていかなければいけないというふうになったそうです。それで、平成14年に優良個体を出荷している農家さん４件の所から、良い個体をさらに選別して品種登録しましょうか、という話になりました。

ハスカップというのは、皆さんよく口にされていると思いますが、勇払原野に色々なハスカップがあります。全部遺伝子が違っていて、色々な味、色々な形、色々な大きさがあります。これを、こうやって植えている。出荷するときに、それぞれの個体というのは収穫適期は大体５日〜１週間なので１種類しか植えないと１週間で収穫が終わってしまうんですね、それで色々なものを植えて、約１カ月、収穫を続けます。見た目を良くしようということで、似たような大きさ形のものを集めてくるんですね。そうすると、皆さん購入された時、見た目はまぁ似ているけれど、酸っぱいの、甘いの、苦いのと色々な味があると、そうなるとそのまま食べる果実ではないということを感じられると思うのですが、こういう形で色々なものが入ってしまうというのが栽培の現状でした。

それで、山口農園では昭和53年に栽培が始まってすぐに、うちの母がこのまま苦いもの、渋いものを作っていてはハスカップ離れが起きるかもしれないと、何とかおいしくしたいと考えました。ハスカップに関しては、母は大嫌いだったんです。食べなかったですね。でもおいしくしたいと思い、そこでひらめいたのが、僕と弟の息子達二人に味見をやってもらおうということでした。苦いのを見つけて木に印を付けなさいと。印１個につき100円お小遣いあげるからということで、毎年ハスカップの収穫期になると僕と弟で真剣に苦い実の木に印をつけて歩くんですね。そうして秋になったら、印が付いている木を抜いて、どんどん苦い木を畑から抜いていくんです。

僕らも中学生くらいになると、嫌がったらしいです。最終的には１本500円まで上がったということで、本当に徹底的に畑から苦い実のなる木を取り除くことをやりました。この時に子供達を使ったのが後で良かったと分かってきました。子供たちは大人より舌が敏感なんですね。苦みに対して特に敏感で大人が感じないような苦みも察するらしいです。母とけんかしながら、ちょっと苦い、これ苦くないんじゃないのと、500円かかっているんで絶対苦いと譲らず、徹底的に畑から苦いのを取り除いていきました。

そうすることで、苦いものがなくなったら、そこから粒の大きいもの、できれば味のよいものというのを残して、形の悪いものとか、あとハスカップは黒い果実もあれば赤い果実もあり、そういう赤いものを取り除いていく。良いものを残してそれを挿し木で増やしていくんですね。そうして味の良いものと大きいものという風にどんどん畑を変えていく。だけど収穫の時困るよな、となりますけれども、すべて同じ種類は同じ色の札を付けるんです。だから木を見たらピンクとか赤とか、青とかプラスチックの札を付けて、これは何の種類というのを決めているので、収穫期の時に今日は青い札の果実を採ってねといったら、家族とかパートさん、みんなして青い札のを採るんです。

そうすることによって、製品はすべて同じになって、それを大きいのと小さいのを分ける。非常に効率も良いということで、味を良くするのにそれが認められて、良い品種を自分たちで選抜していたので、部会で優秀な４件のうちから選抜しようとなったときに、山口農園で選抜した２つの品種が選ばれて、品種登録ということになりました。それで平成21年に「ゆうしげ」と「あつまみらい」という品種を登録することになりました。これは、日本で２番目と３番目の品種になります。平成３年に道の試験場で「ゆうふつ」が登録されておりまして、それが日本で最初の登録、そして「ゆうしげ」、「あつまみらい」の順です。この３年くらい後に苫小牧で「みえ」という品種が登録されて、品種は４品種あります。そうすると、まだ品種になっていないのはハスカップの農家さんが山から持ってきたものとかということになりますね。

厚真町ではこの品種を僕が苗木を作って生産者に販売しています。全部植えると収穫期が短いので、そうすることで畑の一部を、苦いのとか酸っぱいのを除いて良い品種を植えましょうということです。それに対して、最初は農協さん、今は厚真町で苗木の助成ということでハスカップの苗木を買うという人には助成するということも、もう7年くらいやっていますね。そうすることでどんどん厚真町にハスカップの畑が増えました。その結果、4年くらい前に栽培面積日本一の街ということが言えるようになりました。

ただ、まだ木が小さいので美唄が生産量日本一といっているのですが、いずれは生産量も超えていく可能性もあると思います。厚真は他の美唄などの産地と大きく違うのは、生食用を目指したという唯一の産地ですね。みなさんよく口にする三星の「よいとまけ」、あれは基本的には美唄産を使います。厚真のものは入っていないですね。もともと美唄が始めるきっかけになったのは、三星さんが栽培してくれる所を探していたということで、そういう関係で、美唄のものが優先して使われていると聞いています。

ハスカップ部会は、今、僕が10年前に就農したときには60人ちょっとくらいでしたが、新しいおいしい品種が作れるということで、今生産者が98軒あります。皆さん一生懸命で、集会とかあるたびに集まってくるんですけれども、昔は、自分の家のハスカップは隣のハスカップと全く違うものだから、自分の技術があるかないかが分からなかったんですね。何でうちのは小さいのだろうと思っていた。技術があって小さいのか、技術がなくて小さいのか分からない。みんなで同じ「ゆうしげ」、「あつまみらい」を植えることによって、初めて統一したものを植えたことになります。そうすることで自分たちの技術向上になるんですね。自分の技術では大きい品種のはずが小さいと。だったらもっとよくしていこうと。それでここ数年厚真のハスカップというのは非常に品質が上がってきています。

平成26年くらいから、すごく品薄状態になり、単価もかなり上がっておりまして、生産者は年配の方ばかりですが、でもすごく皆さん元気にやっています。それも「日本一」の作物というのは厚真で今までなかったんです。北海道一という作物もなかったんです。なので、日本一を育てているプライドとさらなる夢を持ってやっており、非常に活気があります。今、約28ヘクタールということで、美唄が20ヘクタールくらいなので、差をつけることができました。これから花が咲きますね。大体、花が咲くのは桜が咲く頃からですね。ハスカップというのは。小さい花で２つの花で１つの実になるというのが特長です。ですから果実を割っていただくと右心室と左心室みたいなつくりが見えます。機会があれば割ってみてください。厚真町では大体６月25日くらいから収穫が始まりまして、７月いっぱいくらいまで約１カ月ちょっと、収穫しています。

基本的に生産者としては、もともと、高品質なハスカップを安定的に生産する技術向上、それと果実なので皆さん同じような技術の平準化というものを目指しています。あとやっぱり最近は加工する形というのも考えています。農協として今進めていることは、消費流通形態の変化に応じた販売促進ということで、今ハスカップというのはなかなか生では流通しないんですね。何とか生で、札幌や本州なりに流通させたいなというのを目指して、色々なパッケージを試作したりしています。

また、町の方ではハスカップ栽培日本一の街ということで、かなりPRに力を入れていただきまして、去年、厚真町産ハスカップブランド化推進協議会というのが発足しました。札幌のベリーファンシーさんというパンケーキの専門店があるんですが、こちらは「パンケーキ王子」という人がプロデュースしているんですね。パンケーキ王子の店にハスカップを使って欲しいということで、話を持って行きました。この話を持って行ったときから僕が「ハスカップ王子」というふうに言われるようになりまして、パンケーキ王子とハスカップ王子のコラボを去年の11月20日～12月25日までさせていただきました。

今ちょうどベリーファンシーさんの１周年記念をしているんです。それで今、「ハスカップボウル」というのをやっています。「ハスカップボウル」

といっても皆さん分からないかもしれないのですが、もともと「アサイーボウル」というデザートなんですね。アサイーというのはアマゾンで採れるフルーツで、アンチエイジングだとか、スーパーフルーツとか言われるんですが、ハスカップっていうのは色々調べるとアンチエイジング、あと体にいいとか栄養価が高いというのがあり、北海道にもスーパーフルーツがあったじゃないかということで、せっかくなのでアサイーというのではなくて、北海道の「ハスカップボウル」をつくろうという企画です。ハスカップを冷凍したものとスムージーにしたもの、バナナをスムージーしたものと、それとシリアルが入っています。朝食としてアサイーはよく食べられるんだそうですね。「ハスカップボウル」ということでハスカップをPRさせていただいています。

こちらの企画をポロコさんに載せてもらいPRしようと、載せる際に町の方から数10万円の広告代を払い載せてもらいましたが、こういう町とのコラボというのがかなり珍しかったみたいで、掲載後取材が殺到しました。この1カ月の期間中に、広告などすべて無料でしていただきました。そちらの方は、部数で言えば合計221万部。そこにハスカップのPRがされています。テレビの方やラジオでも取り上げられ、けっこう好評だったらしいです。

最後になりますけれども栽培面積日本一ということで厚真町をPRする一方、ハスカップの収穫シーズンになるとハスカップフェアといってハスカップ狩りをしています。今ハスカップ狩りができる場所が11カ所ありまして、厚真町に行くと、皆さん寄るような所にはここの農園でやっていますよというパンフレットや看板があって、あとはハスカップ商品、例えばハスカップおにぎりですとかお寿司やさんでハスカップの軍艦が食べられます。乗っているのは「ゆうしげ」で非常に酸味が少なく美味しいと好評ですね。あといなり寿司にしたりとか。

みなさんハスカップのイメージというと酸っぱいとか苦いというのがあると思うのですが、2品種、「あつまみらい」と「ゆうしげ」は、どちらも糖度は12以上です。ハスカップは大体流通しているのは糖度10前後ですから、僕が見る限りでは。その中で12度以上、「ゆうしげ」は、極めて酸味が少ない果実です。最初食べたら、ハスカップではないと思うくらいです。「あつまみらい」は、「ゆうしげ」と同じくらい糖度があるんですが、さわやかな酸味が特長ですね。酸味が少ないので、爽やかな酸味を残したものということで、人間の味覚、フルーツに対する味覚というのは、すっぱいのが好きか嫌いかで大きく分けるんですね。それで、どちらかを好きですよと選んでいただければいいなと２つの品種を作りました。

平成26年に、６次産業認定を受け、これは厚真町のゆるキャラ「あつまるくん」というのですけれども、後ろにあるのは車で引っ張って歩く移動販売車なんです。軽自動車の箱車くらいの大きさがあって、クレープ、ハスカップスムージーとかハスカップソーダ、ハスカップティーとかですね、地元で採れたハスカップを使った加工品を食べれるようになっておりまして、色々なお祭りとか、苫小牧の「道の駅ウトナイ湖」でも販売しています。もしよければのぞいて見ていただければと思います。

あと、たまたま昨日、ハスカップ部会の集まりがあり、そこへ野菜ソムリエの方が来て話をしてくれたんですけれども、その中で黒豆ハスカップというのを持ってきてくれたんです。黒豆をただ水煮して、味付けを砂糖とハスカップ半々くらいで味付けするんですね。すると、すごく美味しいです。黒豆の甘さと、ハスカップの酸味があって非常に美味しい。皆さん、塩漬けのおにぎりを作っている方も多いと思うんですが、山口農園では、塩漬けおにぎりは作らないですね。どうやって作るのかというと、冷凍のハスカップを買ってきて、それに果実が凍っているうちに塩を多めにまぶして、そのままおにぎりにする。すると、ご飯の熱でハスカップが溶けて、溶けると果汁がじゅわっと出て塩となじんで非常に食べやすくておいしいのと、塩漬けと違うのは、果汁があまり出てこないので、崩れて食べにくくならないので、のりで巻かなくても比較的食べやすい。ぜひ試していただけたらと思います。

守る

NPO法人苫東環境コモンズ　事務局長　草苅健氏

星野さんからは世界の中のハスカップの色々な分類、各地の様子というようなものをお話しいただきました。山口さんは、その後の勇払原野から移植されたハスカップをどう栽培されてきたかという実験結果のようなものを紹介されていました。私の話は先ほど、山口さんが移植されたハスカップが自生していた元々の勇払原野でハスカップがどういうふうに生育しているかというところを中心に、むしろそこだけに絞ってお話ししたいと思います。

まず、最初に見ていただきたいのは、ドローンの映像です。昨年7月、勇払原野のハスカップの一番混んでいる所、つまり私たちがサンクチュアリと呼んでいるところですが、それを、上空50メートルほどまで上昇させて撮影しました。

皆さん勇払原野のハスカップという時に、勇払原野というくらいだからヨシや灌木の広がる所がハスカップの自生地と想像されるかと思うのですが、実際はこんな状態で、ハスカップの原野は実はハンノキの森になっている。私が何を注目したかと申しますと、こういった森の中でハスカップが本当に生き延びていけるのか。ハスカップがこんなに多く自生しているのが勇払原野しかないというときに、その1番ハスカップが混んでいるこの箇所が、こういう状態で本当にいいのかどうか。そこに大きく注目をしました。

それからもう1つは、ハスカップの特徴で非常に不思議でもあるのですが、こういう場所にいろいろな人が入って採って良い場所になっている。まるで自分の土地のように行くわけです。世界的にそういう研究がなされているのですが、そういう共有地をコモンズと呼ぶんですね。

そうするとハスカップは、コモンプール資源ということになる。その資源が今どうなっているかということです。採れる所がだんだん少なくなっていくと、それは、みんなが採れなくなってくるという悲劇があるわけですが、それを指してすでに、「コモンズの悲劇」という、非常に有名な言葉がありましてね、そういうことになるのか、ならないのか。それがとても大事な所だと思っているのです。そういったことで、ハスカップを勇払原野のど真ん中で追いかけてきました。

ハスカップを中心にして、勇払原野のプロフィールを皆さんと一緒に見てみたいと思います。とりあえず、そのハスカップの原生地がどうなっているかというところを見えるようにしようというのが、NPOのひとつの目的で、さらにどうやって付き合っていけばいいのか、どうすれば維持し守っていけるのかをさぐることも、NPOを立ち上げた非常に重要な目的のひとつでした。

それで、どういうことを心配しているかというと、ハンノキとサクラがどんどんハスカップの周りに生えると、ハスカップは光を求めてひょろひょろとどんどん伸びていくわけです。高さが3メートルくらいのハスカップが現れてきている。そのそばで、実はハスカップが枯れているような状況が良く見られる。それがひとつです。

それから、ハンノキは湿原に出てきたりするわけですが、ハスカップの自生地に乾燥している台地に出てくるミズナラやコナラが生え始めている。ますます、それでいいのかということになります。これからハスカップがどんなふうになっていくのかという所を星野先生は多方面から研究されていますけれども、まだその将来、原野のハスカップがどう推移していくか占うことの調査研究は実はまだ何もされていません。

千歳の皆さんが採っている自生地も台地なんですが、実際、ハスカップはたくさんあるんです。私の感覚で言えば、あくまで仮説ですが勇払原野のなれの果ては千歳のようになるのだろうかという感じで見ています。とりあえず、こういう現状を市民の皆さんと共有するために、この一大原生地を何とか可視化しなきゃいけないのではないかと思っており、先ほどのドローンの撮影もそのひとつだという訳です。

ハスカップは、開発の犠牲になったとよく言いますけれども、農業・工業などの産業化、住宅地としての宅地化によってその生息範囲が狭められてきた。その時に原野のハスカップを親身になって世話する、頼りになる後見人が今いないのではないかということに気付いたのです。それを私たちが担うというのではなく、皆さんと一緒に共有していけるように何か手立てはないだろうか。今すべきことは何かを考えていく時に、それはハスカップについて「新しい、まだ誰もやっていないことを手掛けることになる」のではないか、という考えから「ハスカップ・イニシアティブ」と呼ぶことにしたのです。

ここの所に（203p参照）私たちがハスカップ・サンクチュアリと呼ぶエリアがありまして、そばを安平川が流れているんですけれども、古い元の川がいすゞ自動車の南側の原野を蛇行して勇払原野に残っています。この辺はいすゞ自動車の用地造成にあたって環境アセスメントの自然環境調査時によく一人で縦横に歩きました。何か目印がないと現在地が分からないような一帯で、地面はジュクジュクの湿地です。長靴でないと歩けない所がほとんどで、やや乾燥したところにハスカップが出てきます。サンクチュアリと呼んだのはやや乾燥したこの辺で、ここが勇払原野の中でも最もハスカップが混んでいる密生地だからです。その一画をハスカップ・サンクチュアリと名付けました。この一帯は今、弁天沼を含めて安平川の遊水地として保全されていこうとしています。もう少しクローズアップして見ると、群落の中を柏原幹線排水路という普通河川が流れていて、ハスカップやハンノキが自生していますが、ハスカップは全くないと言っていい植生の境界があります。水位が高く冠水状態の湿地には実はハスカップはまずありません。自生地は恐らく数百ヘクタールの広がりがあるはずですが、一体どの程度まで生えているのかというのは実は分かっていません。遊水地の植生図を拝見したら、豆粒のようなハスカップ群落の表示になっていてハスカップを全く無視しているかのようでした。

それから苫東には陸上競技のトラックのようなものが航空写真で見えますが、いくつもあります。こういう丸いトラック状の楕円があるところは、ハスカップ群落のある所です。ハスカップの生えている所でたばこを吸った、そのたばこの火が泥炭にうつって、それで火事になる。原野火災です。泥炭に火が付くのはモグサに火が付くのと一緒ですから、１週間くらいずっと燃えっぱなし。会社はそういうことでは困るというので、ブルドーザーをすぐ呼んで、そこの直径100メートルか200メートルくらいの範囲の泥炭をブルドーザーでリング状に剥ぐのです。これが、一番確実な唯一の消火方法で、いつまでも植生が復元しないで火山灰むき出しで残っているのは、勇払原野の非常に大きい特長だと思います。

山口さんの栽培地では、先ほどヘクタールあたり1,200本程度の密度とおっしゃっていたように思いますが、現場の方はヘクタールあたり3,000本を超えます。ハスカップの調査をいすゞ自動車のアセスメントの時にやりましたら、約400ヘクタールの工業用地の中に半分ぐらいハスカップが生えていたんですが、高さ30センチメートル以上のものだけでざっと15万本がカウントされました。そのうちの約7、8万本くらいは農協、市民、学校、企業、こういうところにお配りした。それが各地の減反政策のちょうどまっただ中であったこともあって栽培されていったというような状況です。

ハスカップの原野を可視化する二つ目の方法はGPSといって、宇宙空間にある衛星の電波をひろって、自分の位置を座標化する小さな機器があります。位置をおとすのは、ハスカップとハンノキと、ベニバナヒョウタンボク、それから、この辺の黒い点はミズナラとコナラです。50メートル四方の区画を設定し、その中にこの4つの樹種があったときにGPSのボタンを押すと、データに記録される仕組みです。この調査で分かってきたことは、ハスカップの自生地には、ヨシやハンノキの湿原と考えられていたエリアにも、乾燥した土壌を好むミズナラなどが生え始めているということです。また、一番心配だったのは、ハスカップが枯れ始めているものを見たことです。40年くらい前はこういう枯れ方をしていなかった。私はこれらすべてがハスカップだと思い込んでいたのですが、実は、ハスカップと同じ仲間のベニバナヒョウタンボクという灌木が高さ3メートルくらいになって枯れ始めていることがわかりました。ベニバナヒョウタンボクのほかにオオヒョウタンボクというのもあるんですが、それは白い。これはベニバナヒョウタンボクといって、ハスカップよりもちょっと早めに咲く感じだったかと思います。それが枯れ始めているわけです。白骨死体のようにハスカップの原野にこれが横たわっている。これは大変だと思ったのが、始まりでした。ベニバナヒョウタンボクが大木になって枯れ始め、やがてハスカップが同じ運命をたどるのではないか、という心配です。

では、ハスカップは本当に大丈夫なのかというと、ハスカップも大丈夫ではなくて、ハンノキやサクラの木の下、あるいはシラカバの木の下なので高さ3メートル以上に伸びていきます。それで、やはり枯れていっています。星野先生方にもぜひ研究をしてもらいたいのですが、原野のハスカップというのは、どんなに太くても直径4センチメートル〜5センチメートルまでにしかならない。年輪を調べると苫東では今のところ50年を超えません。ということは、これがその後どうやって次の世代に関わっていくのかということが、実はよく分からない。一説ではこの枝が倒れて地面に触れた所から根が出るという話もありますが、必ずしも明らかに倒れて根が出せるような状態かというとそうでもない。それから、実が落ちて、落ちたタネからハスカップが実生で発芽することも考えられますが、これはミズゴケの小さな丘（ブルト）以外では見つけることができません。

ところで、勇払原野のハスカップが北海道で一番大きな群落を形成している、そんな大群落は日本でここだけだという話があります。本当にそうだろうか。実はこの検証がされているようでされていないようなので昨年いくつか試しに行ってみました。霧多布湿原では、ハスカップを採りに行くというようなまとまった群落があるわけではないということを地元のNPOの方に聞きました。したがって採りに行く習慣もない。結局市民がコモンズのようなところに行って、みんなでハスカップを採るという風習は千歳と苫小牧など勇払原野一帯、ここにしかない。その千歳の方も、ハスカップのブームは下火になってきているということで、そうすると先ほどのハンノキの下のハスカップというのはまた別の意味が生まれてくるのではないか。

なぜ釧路湿原のハスカップがハスカップ採取という風にブームにならないのか。私が見たのは水をかぶっている湿原にあるハスカップで、実の大きさが５ミリメートルか６ミリメートルの小さなもので、採りに行くような大きさでもなければ、群落状態でもありませんでした。その程度であれば、当然実を採りに行くなどということにはならないわけです。

では千歳はどうなのか、南千歳を中心に探してみました。先ほどの湿原とは全然違う状態で、ハスカップがシラカバやカシワ、ミズナラなどの木の下に生育している状態です。これが勇払原野のサンクチュアリの将来の姿なのかどうか、これは推移を見ていかなければならない。ベニバナヒョウタンボクのあとを追うように枯れていくのか。それが倒れた枝から伏条更新と言われるように芽がでて新たな群落が維持されるのか。あるいは意外と持ちこたえて、千歳のようにミズナラなどの林の下にハスカップ群落が続くのか。

日本で唯一最大のハスカップ群落の可能性のあるハスカップ・サンクチュアリは、これからどうなっていくのか。今すべきことは何か、ということなんですが、現状は保全がほぼ確定したので、影響緩和のミティゲーションの次のステップにあるのではないかとも考えられます。つまり、ハスカップ・サンクチュアリの一帯は、安平川の治水のための遊水池として保全されることが確実になったのです。ミティゲーションそのものは、ある行為が、自然への影響を緩和するという、アセスメントのひとつの施策であり、そこは現況を残すことでクリアしている。これからは次のステップに入ります。

ただ、純然たる、残しておしまいというような、ある種、国立公園のような中のハスカップのようになっていいのかどうか。その辺はどういう風に考えればいいのか。そのためには、私たちがもう一度ハスカップのことをもっと知って、研究者の方たちにも色々入ってきていただいて調査をしてもらう必要があります。なにせハスカップは、ブルーベリーの次の世界的な機能性食品だと言われていますから栽培は次のビジネスチャンスにもなるわけです。

あともうひとつ、40年前のハスカップを思い出し、現在の千歳のハスカップの現状も見ていると、今すぐどうしよう、ということではなくて、ひょっとしたらこのまま放置していても、数十年あるいは数百年はこのままでいくのではないだろうか、という見方も心にとめて観察していきたいと思います。

申し忘れましたけれども、ハンノキがハスカップが生育することを邪魔しているのであればハンノキを切れば良いのではということにもなりますが、ハスカップに日陰をつくるハンノキを切ってみましたら、ハンノキは切った所からまた生えてきます。これでは全く効果がない。そういうことではダメですね。じゃあ移植するかということになりますと、苫東のつた森山林の移植地のように場所も管理も必要になります。勇払原野のハスカップの今後は、一部の人が考えると言うよりも、博物館などが中心になって総合的にとらえ企画していく必要があるのではないでしょうか。それがハスカップ・イニシアティブという時代の要請なのではないかと考えています。ありがとうございました。

【会場からの質問】

Q：山口さんにお尋ねします。私は生まれも育ちも苫小牧です。学校の帰りに勇払原野を見て歩いていました。いつも思うのですがハスカップは紀州南高梅のようになぜならないのかなと。塩漬けをおにぎりに入れると、あんなにおいしいものはないですよね。それから、コンビニに行くとハスカップおにぎりが売っていないのはどうしてかなと思っています。苫小牧のハスカップにしろ、ホッキ貝にしろ、２次加工をして売るのは非常に難しい商品だと思うんですけれども、もうちょっとそのへんが、工夫できないものでしょうか。

A：山口さん　そうですね、僕はもっと、ハスカップおにぎりみたいなのを売り出したいと思って、実はハスカップ部会として、札幌にあるセイコーマートさんの本社に２、３年前に売り込みに行ったことがあります。その時の話ですと、向こうがまず、おにぎりの形にするには１

次加工をして、塩漬けにしたものならば使えますと。ただし、値段の要件もあり、１キログラム500円から800円と言われたんですね。それで、その時に計算したら、ハスカップは１キログラムあたり、加工用で大体2,000円くらいはします。塩漬けにすると、ドリップがもちろん出ますので、半分くらいの量になるんですね。手間賃を考えると5,000円くらいの原価がかかるものを、800円くらいの原価でおろさなければいけないということで、なかなか、単価の問題が大きいのかなと思いますね。

Q：ハスカップを増やすときに挿し木でというお話がありましたけれども、ハスカップは実から増やすというのは不可能なんでしょうか。

A：山口さん　ハスカップは種からたくさん出るのですが、おいしい木から種をとってまいても、同じ実にはならないです。なぜかというと、自分の花粉で受粉しなくて、隣にある別のハスカップから飛んできて、実になる。そうすると、遺伝子で言うと、半分しかおいしい資質を持っていないんですね。母に聞いたんですけれども、どうもハスカップは、苦くない木から種をまいても苦い実が出ると言っていましたね。なので、確実においしいものを増やすには、今のところ挿し木が有効だということですね。

北米へのハスカップ導入

マキシン・トンプソン（オレゴン州立大学名誉教授、育種・遺伝学博士）

（平成28年８月）

● 日本へ

私とハスカップの出会いは、偶然のことから始まります。平成10年、オレゴン在住の友人（教え子）のところに、ある日本人訪問者が、一本のハスカップを持参しました。その友人は、ブトウの専門家でしたが、私がロシア由来のクロミノウグイスカグラ（*Lonicera caerulea* spp. *Kamuchatica and* spp. *Edulis*）を評価・選抜していることを承知しており、この植物を託してきたのです。私は、その新たな遺伝的多様性について興味をもち、とりあえず研究圃場（米国農業省）に移植しました。翌年、ロシア由来のものよりひと月遅く開花したのを見て、気持ちが昂（たかぶ）りました。オレゴンのような温暖な気候条件下において、訪花昆虫が飛来する前に開花してしまうロシア由来のものは、収量が減少するという大きな問題を抱えていたのです。遅い開花は、こうした条件下に適応した栽培種の育成に、恰好な遺伝素材を提供するように思われました。これがきっかけで、私は、さらなる遺伝素材を取得することを目論み、平成12年に、日本への渡航を計画しました。

上述の友人は、私の北海道訪問の旅程を懇意に組んでくださり、札幌の森林総合研究所北海道支所の黒田慶子博士を紹介してくれました。そして、この旅程には、かつてハスカップ研究を手掛けられた高橋睦博士と田中静幸氏への訪問が含まれていました。この両氏は、多大な時間を割き、ハスカップに関する知識を提供してくださいました。平成13年に始まる、私のハスカップ育種プログラムの成功は、ほかならぬ、この３人の科学者の厚意に依拠することになります。

北海道の最初の訪問先では、高橋氏と数日を過ごしました。氏は、私を千歳周辺や美唄のハスカップ園地、加工場、冷蔵施設、ワイン工場、植物遺伝資源センター、そしてハスカップ製品開発研究室に案内してくださいました。私は、その独創性、そして種々の製品が存在することに驚いたのです。千歳近くの農園では、在来８号の株からいくつかの果実を採集することを許されました。さらには、札幌の森林総合研究所北海道支所を訪問しました。

その後、列車で美唄に向かいました。滝川市にある旧北海道立植物遺伝資源センターの渡辺久昭場長とお会いし、食味の良い一株から種子を取らせていただきました。さらに、菊池農園を訪問し、そこでは、菊池氏の大いなる厚意にあずかり、ハスカップ生産に関する知識を伺いました。私たちは、在来７号から果実を採集しましたが、氏は、在来８号はさらに甘いと言われ、この選抜種の果実をもらい受けました。これらの種子を用いてオレゴンで育種されたハスカップは、日本で採集したものすべての中で最も優良な新品種になりました。菊池氏の助言に大いに感謝する次第です。

田中氏を訪問するために、私は、氏の新任地の訓子府に向かい、まず、北見農業試験場場長の宮浦邦晃氏とお会いしました。田中氏は、ハスカップの野生種の存在しない地域で、タマネギの育種を担当されていました。札幌での数年にわたるハスカップの選抜を思いおこしながら、ハスカップ研究関連文献を含め、豊富な情報を熱心に提供してくださいました。氏はまた、「ゆうふつ」のみを生産する松田氏の所にも案内してくれました。この品種は、部分的に自家和合性で、受粉樹を必要とせず、僅かな種子を持つ、小さな果実をつけます。これらの種子も、また収集しました。

一方、森林総合研究所の黒田氏と眞田氏には、かつて無数の野生ハスカップの生育地であった、苫小牧付近の勇払平野を案内していただきました。しかしながら、この数十年間、一帯は、開発のため干拓され、繁茂した木々の木陰で、わずかに残っているハスカップの古木は、果実を着けていませんでした。私は、この価値ある農産物の遺伝資源喪失の可能性を大変危惧していました。ですから、平成27年末に、現地を訪問した川合信司君（オレゴン在住）より、北海道における野生ハスカップ群落の保護が活発に進められているという報告を聞き、大変喜ばしく思った次第です。

● オレゴンのハスカップ

日本の八つの異なる収集先から持ち帰ったハスカップの種子は、平成13年1月に、温室に播かれました。その種苗は、同年10月に圃場に移植されました。14年と15年には、これら種苗のすべての開花日、収量、樹のサイズ、さらには果実の形質、サイズ、形、摘み取りの難易度、均一性、硬さ、および食味を評価しました。わずかな優良選抜種から、さらなる選抜試験のための繁殖がなされました。これらが、全体的に、優れた果実サイズや質を持っていたため、私は、日本由来のハスカップ育種に専念することになりました。

予想されたように、それぞれの母樹は、果実の大きさや形、そして食味に関する多様性を持っており、八つの種子区からの実生の中には、かなりの差異が存在しました。そのうち、四つの種子源から得られたすべての実生は、最初の選抜で淘汰されました。それらは、森林総合研究所からの二つのグループ、札幌植物園からのものと「ゆうふつ」でした。このことは、驚くに足りませんでした。なぜなら、最初の三つのグループは、他の4種のように優良な品質の果実をもつものとして選択されていなかったからです。自家和合性の「ゆうふつ」の種から育成された実生は、とても小さな果実であり、また大変貧弱な生育特性を持っていました。

他方、菊池農園から得た在来8号の種子は、最も有望な実生を提供しました。そのうち、4品種（22-14、21-89、22-26、44-19）は、特許を得、既に種苗会社に繁殖を託しています。さらに特許を得られた他の4品種は、千歳近くの在来8号を片親として育成されました。このグループは、高収量ですが、やや小さな果実をつける傾向がありました。特許を得た一品種は、このグループより選抜され（41-75）、さらに、もう一つの特許を取得した品種（57-49）はこのグループを片親として持っています。そのほか、二つの特許を得た品種（88-102、67-95）は、菊池農園の在来7号の種子から出た実生を片親としています。一般に、これを基とする実生は、高収量でサイズが大きいのですが、在来8号から得たものよりも柔らかく、甘さが今一つでした。

このように、これらの実生は、あらゆる生育特徴において、幅広い変異性をもち、新たな品種の選抜、そして育種の原種として使用するのにずば抜けた材料を提供することになりました。これまで観察された中で、最大の果実のサイズは、平均2.2グラム、そして最大の糖度は18度に達しています。果実の形は、丸いものから細長いものまでありますが、私自身は、短く円筒形のものを好んでいます。果実硬度は、柔らかいものから果汁の豊富なもの、かなり硬めのものまで見受けられます。一つの選抜種44-19の硬度は大変高く、冷蔵庫の中でひと月硬さを保持しました。

また、ほとんどのハスカップは自家不和合性ですが、44-19は部分的に自家和合性です。交配された果実が1.6グラムであるのに対し、そうでないものはその半分のサイズとなります。現在、この自家和合性の特徴が44-19の系統に遺伝しているのか否かを見極める調査を進めています。花粉樹を必要としない完全な自家和合性の品種は、ハスカップ生産にとって、紛れもない進歩をもたらすことでしょう。

最後に、ハスカップの育成、加工に関する情報や育種材料を寛大に提供してくださった北海道の皆さんに、心から感謝の意を表したいと思います。そして、私の主たる接待者に敬意を称し、その方々の略称を四つの特許を得た品種名とさせていただいたことを付記いたします。「タカ」は高橋氏、「タナ」は田中氏、「ケイコ」は黒田慶子氏、そして「クチ」は菊池氏です。末筆ながら、五番目に特許を得た品種、「カワイ」は、オレゴンにおけるハスカップの栽培、宣伝、品種改良に多大な支援をしてくれている親愛なる友人、川合信司君の名をとったものであることを書き添えます。

(訳・文責：川合信司　オレゴン州立大学)

〔原文〕

Introducing Japanese haskap to North America

● My Visit to Japan.

How did I discover the Japanese haskap? By chance, in 1998 a Japanese visitor brought one plant to a friend of mine in Oregon. This friend was a grape specialist, so he offered this plant to me because he knew that I had been evaluating Russian forms of blue honeysuckle (*Lonicera caerulea* spp. *kamtchatica and* spp. *edulis*). As I was interested in new genetic variability, I planted it in my research plot and the next year I was thrilled to observe that it bloomed about one month later than the Russians. Too early blooming, before bees are out, is the major problem that reduces yield of Russians in moderate temperate climate such as Oregon. This later bloom appeared to offer promising genetic material for development of cultivars adapted to these conditions. Therefore, in 2000, I planned a trip to Japan hoping to obtain additional genetic materials. This same friend introduced me to Dr. Keiko Kuroda at the Hokkaido Forestry and Forest Products Institute in Sapporo who kindly arranged a program for me in Hokkaido. The plan included visits with Dr. Mutsumi Takahashi and Dr. Shizuyuki Tanaka, both former haskap researchers. Both of these men were extremely generous of their time and knowledge of haskap. It is to these three scientists I owe my successful haskap breeding program that has been ongoing since 2001.

My first visit was a few days with Dr. Takahashi. He took me to several haskap enterprises near Bibai and Chitose, including farms, processing plant, a cold storage plant, a winery, the Hokkaido Plant Genetic Resources Center, and a Laboratory for haskap product development. I was amazed at the creativity and wide range of products produced here.

The first stop was at a farm near Chitose where I was permitted to collect a few fruits from seeds from a bush called Selection #8. The second stop was at The Institute of Forestry and Forest Products in Sapporo. Then a train trip to Bibai where I visited the Plant Genetic Resources Center and I met the Director, Dr. Watanabe. Here, I was permitted to take seeds from a plant that had tasty fruits.

Next was visit to the Kikuchi family farm near Bibai. Here Mr. Kikuchi was very generous of his time and sharing his expertise about haskap growing. First we collected fruits from Selection #7 and then he said that #8 was sweeter and offered us fruits of this selection. Plants grown from these seeds in Oregon have proven to be the best of all that we collected in Japan. Many thanks to Mr. Kikuchi for his suggestion.

To visit with Dr. Tanaka, I traveled to Kunneppu, his new location, and visited the Kitami Agriculture Experiment Station and met the Director, Dr. Kuniaki Miyaura. Dr. Tanaka had been assigned to breed onions in this region where wild haskap is not found. Recalling his several years working with haskap selections in Sapporo, he enthusiastically provided me much information, including several haskap research publications. He also took me to Mr. Matsuda's farm that was growing only 'Yufutsu'. This variety is partially self-fertile and, with no pollinizer variety the plants produce a light crop of small fruits with very few seeds. We collected a few fruits for seeds.

Keiko Kuroda and Mr. Sanada from the Forestry Institute took me to the Yufutsu Plains near Tomakomai where there used to be many wild haskap bushes. However the last few decades the region had been drained for development and trees had grown up shading the few remaining old haskap bushes that bore no fruit. I was very concerned about the potential loss of genetic variability in this valuable crop plant. So I was very pleased to learn from Shinji Kawai that considerable activities are underway in Hokkaido to preserve the wild haskap populations.

●Haskap in Oregon.

In January, 2001, I planted in a greenhouse haskap seeds from 8 different sources in Japan. Resultant seedlings were transplanted to the field in October.

In 2002 and 2003, I evaluated all of these seedlings for flowering date, yield, bush size, and berry traits such as size, shape, strength of attachment, uniformity, firmness and taste. A few outstanding selections were propagated for advanced trial plots. Also, overall fruit size and quality seedlings so I could concentrate on breeding the Japanese haskap.

As might be expected, there was considerable variation among the seedling populations from the 8 seed lots because the fruits from each mother plant varied in size, shape and taste. All seedlings grown from four sources were rejected at first evaluation; two from the Forestry Institute, one from the Botanical Garden in Sapporo and Yufutsu. This was not surprising because the first three of these mother plants had not been selected for good quality fruits as had the other four. Seedlings grown from seeds of self-pollinated 'Yufutsu' had very small fruits and very poor growth habit. Seeds from Selection #8 from Kikuchi farm provided the most promising seedlings. Four of these (21-14 21-89, 22-26 and

44-19) have been patented and released to nurseries. Another 4 patented varieties have seedlings from seeds of Selection #8 near Chitose as one parent. Seedlings grown for seeds of Selection #8 from Chitose differed from those grown from seeds of Selection #8 from Kikuchi Farm, probably due to a different pollen parent. This family tended to have high production but smaller fruits. One patented variety was selected from this family (41-75) and one patented variety (57-49) has one parent from this family. Two patented varieties (88-102) and (67-95) have one parent from seedlings grown from seeds of Selection #7 from Kikuchi farm. In general seedlings from this source were productive and good size, but tended to be softer and not as sweet as those from Selection #8.

All seedling populations exhibited a wide range of variability in all traits which provided good opportunities for selecting new varieties as well as plants with exceptional traits to use as parents in breeding. The highest yield I have seen is 4.5 kg on an 8 year-old bush. The largest berry I have seen is an average 2.2 g. The highest Brix is 18°. Berry shapes vary from round to long and thin, but I prefer short cylindrical fruits. Fruit firmness varies from soft and juicy to very firm. One selection, 44-19, is very firm and remains firm for one month in a refrigerator. Whereas most haskap plants are self-incompatible, 44-19 is partly self-compatible. It sets a full crop of half-sized fruit (0.8 g) compared to 1.6 g fruits in cross-pollinated plants. Studies are underway to determine if this self-compatibility trait is inherited in offspring of 44-19. Fully self-compatible varieties not requiring a pollenizer would be a real advance in haskap production.

Finally, I want to express my sincere gratitude to all the Japanese contacts in Hokkaido that so graciously provided me information about growing and processing haskap and generously supplied me with plant materials. In honor of my main hosts I have applied a short version of their names in 4 patented varieties : 'Taka' for Takahashi, 'Tana' for Tanaka, 'Keiko' for Keiko Kuroda, and 'Kuchi' for Mr. Kikuchi. A 5th patented variety, 'Kawai', is named after my dear friend in Oregon, Shinji Kawai, who has encouraged and assisted immeasurably in cultivation and promotion of haskap berry and my breeding program in Oregon.

第5章

「ハスカップ物語」、その後

「ハスカップ物語」とは、北海道新聞苫小牧版に58回にわたって連載されたハスカップに関するコラムを一冊にまとめた豆本の題名。苫小牧郷土文化研究会のシリーズの一つで昭和54年10月30日の発行。著者は、北海道新聞の記者の奥津義広氏。ハスカップの現地や栽培者など、産地から消費者、さらに研究者など各層の関係者に取材して連載された記事は、当時、市民が楽しみにして読んだシリーズだった。結果的に、ハスカップの豆知識が満載で、当時としてはハスカップに関する集大成のひとつだった。

「ハスカップ物語」、その後

小　玉　愛　子
（元苫小牧市美術博物館　主任学芸員）

●はじめに

博物館や資料館は、一種の「ノアの箱舟」だと思っている。歴史が、自然が、人の暮らしが、死に絶えた後も、生き物や人の生きた証が“舟”の中に残っていれば、荒廃した大地に“まち”の命がまた芽生える。嵐の後、水が引くのはいつかわからない。１年後？　20年後？　もしかすると50年後？　それはノアの死後かもしれない。そのようなことを漠然と考えながら、平成27年から、苫小牧市美術博物館での企画展をきっかけに、先代達の残した「ハスカップの記憶と記録」を、私は受け取り、ほんの少しの間、次の世代へのバトンとしてつないだ。

本編では、草苅氏が残してきたコモンズの逸話、元新聞記者であった奥津義広氏の綴った「ハスカップ物語」を主軸にハスカップのアイデンティティの移り変わりを整理し、消えた資料の断片や、大切に保管されていた資料をつなごうと思う。

●ハスカップとは？

「ハスカップ」と呼ばれている果実の正式名称は、ケヨノミ（*Lonicera caerulea* ssp. *edulis*）だ。樹高１～２メートルの灌木で、葉や若枝の毛が少ない品種を、一般的には「クロミノウグイスカグラ（～var. *emphyllocalyx*）」と呼ぶ。「野生植物図鑑（平凡社）」には「ケヨノミは、毛が多く楕円形の葉を持ち、ユーラシア大陸、サハリン、千島、北海道に分布する。一方、クロミノウグイスカグラには毛がほとんどなく、葉の形は倒卵形、北海道のほか、本州の高山帯に分布する」という記載がある。

現在の分類体系ではケヨノミが基本種、クロミノウグイスカグラはケヨノミの変種、ということになるのだが、種名「クロミノウグイスカグラ」の方が、食品名として広く普及している。

それでは、ハスカップを利用していた方々は、ケヨノミとクロミノウグイスカグラを区別していたのだろうか？　そうではないようだ。「別にそんなに考えないで、甘い実を選んで食べていたよ（70代男性・女性）」「とにかく、たくさんとるために、味なんて区別していなかった（70代女性）」という声を聞いた。実際、苫東内のハスカップ自生地のケヨノミは、さまざまな形質のハスカップが自生する。毛の多いもの、少ないもの、花の黄色が強いもの、葉も細長い楕円形から円形に近い種まで、さまざまなものが混交している。毛の多さ、少なさも個体によって非常に差があり、時折、葉も実も丸く、毛の密度が非常に濃い株を見つけることもできる。原野からの移植株をそのまま栽培しているハスカップ農家の苗畑も同様だ。

実の形も同じだ。楕円形、細長い形、ひょうたん型、まれに、ねじれた形やラッパ型もあり、摘み取りを行っている方の籠をのぞき込むと、まるで宝箱のように色々なハスカップの実を眺めることがある。味の差と葉の形に相違はあるのか？　食味をしてみたが、葉の形態よりも結実している株や位置によって変わるようだ。

ハスカップと一緒に育ってきた人たちは、その辺りをよく理解している。ある部分では学者並みに、ハスカップをよく観察している。「花の色も、クリーム色が強くて葉が丸いものと、花が白くて切れ込みが多いものと、だいたい４種類くらいあるかな（60代・男性）」「最近、毛がなくて、葉が楕円形の木をあまり見なくなった気がする。環境が変わったからではないか（70代・男性）」「ハスカップは２種類ではなく、もっといろいろな種類があるのではないか（70代・男性）」などの声が聞こえてきた。自生種を確認してもかなり多くのハスカップが生育していることから、それが現実かどうか、再度検討しなければいけない話題もあるが、ハスカップを利用する人たちにとって「今、利用している種はケヨノミかクロミノウグイスカグラか」という区別は、あまり意味をなさないようだ。

●海外のハスカップ

そもそもハスカップはどのような植物で、地球上ではどこまで広がっているのか？　詳細は、第４章を参照していただきたいが、図鑑ではユーラシア大陸、サハリン、千島、北海道に分布する。ただ、生育環境は若干違うようで菅原繁蔵の樺太植物図譜によると「ハスカップは、海岸沿いの湿地または礫地に生育する」と記載されている。苫小牧では弁天沼の周辺のイメージか、もっと冷涼な環境ではないか。北海道大学の星野洋一郎准教授の話では、ユーラシア大陸中にハスカップは分布し、中国東北部にもハスカップは生育している。中国では比較的標高の高いところに分布している。計量カップで量り売りをしているというが、食品としては日本のハスカップにはかなわないそうだ。

また、星野准教授は、北海道のハスカップや海外のハスカップの染色体数や、葉緑体内のハスカップDNAを調べている。その中で、「道東の恩根内などのハスカップは２倍体、アポイ岳、勇払原野など他地域のハスカップは４倍体だった」というデータを出している。前述の通り、星野氏は「おそらく、２倍体の種が原種に近く、その後４倍体になって多くのDNA量を保有するようになり、さまざまな環境に適応できるようになったのではないか」と話していた。ハスカップの来た道、そして、ハスカップはどうして広がったのか？　それはまだ謎に包まれている。

北海道大学植物園に残る海外の*Lonicera*類の標本を見たが葉や実の形、毛の有無はまちまちで、本当に同種か疑うほどであった。もしかすると、将来的にはもっと細分化して分類が進むかもしれない。

●日本での分布と利用状況

ハスカップは北海道ではどこまで広がっているのか？　佐藤・梶により北海道林業技術研究発表大会論文集に掲載された「クロミノウグイスカグラ・ケヨノミの分布と生育実態」（昭和60年）および北海道野生植物研究

所の五十嵐博氏のデータ（平成28年　未公開）によると、ハスカップの自生地は、大きく分けると（1）日高山脈〜アポイ岳などの内陸の高山、（2）北海道東部の太平洋沿岸沿いの湿原、（3）北海道中央部、石狩低地帯、の３カ所に分かれるようだ。他にも、えりも岬、利尻・礼文島、北海道南部の恵山周辺にもハスカップは自生していることになっている。

それでは、ハスカップは北海道他の地域でも頻繁に食べられていたのか？そのような話はあまり聞かない。勇払原野が唯一にして最大のハスカップ群落ではないのか？　そのような疑問を持ち、平成27年の初夏にNPO苫東環境コモンズのメンバーが道東に調査に行ったという。恩根内ビジターセンターの散策路でわずかに確認ができたが、その様子は「勇払原野のハスカップ群落に比べると、とても貧相だった」と聞いた。その後、同じく道東にある釧路市の博物館の植物学芸員の方から、情報の提供を受けた。彼女は、各方面にハスカップ利用例について聞いてくれたのだが、どの方も反応が薄く、唯一自分でハスカップを栽培しているという方も「ハスカップの苗を、苫小牧の知人から譲り受けた」と話していたとのこと。また、同館の所蔵している資料の中にも、昭和初期に比較的民家の近くに生育していたハスカップの標本が残っていたが、その自生地は後に泥炭採掘のために消失しているとのこと。

それでは、高山地帯のハスカップはどうなのか。平成28年には様似町アポイジオパークセンターに依頼し、自生地と株を確認した。アポイ岳に登り、標高700メートル足らずの「馬の背」にたどり着いた。背の高い木は消え、強い風が吹き付けるハイマツの陰にハスカップが群生していた。「ここが、アポイや日高周辺の山の中で、ハスカップが一番生育している場所だよ」と言った。冬芽の形や樹皮の色や状態は、まさしくハスカップだったが、毛は全くなく、大きな株でも樹高20センチメートル程度。本数にしてわずか十本程度がまさに身を寄せ合い、隠れるように生育していた。「花の時期はきれいでよく目立つ。でも結実は確認していないし、食べたという話も聞かない」という話だった。どうやら、高山帯のハスカップは私たちが見てきたハスカップとは違うようだ。

●ハスカップを生んだ原野（縄文海進と勇払原野）

それでは、なぜ石狩低地帯南東部にこれだけ大きなハスカップ群落が残っているのか？その手掛かりを見つけるためには、まず、石狩低地帯南東部に広がる勇払平野（いわゆる「勇払原野」）の成因について考えなければいけない。

12000年前、地球は寒冷期から温暖期に入り、ゆるやかに海面の上昇が始まった。植生と動物相の変化が、狩猟採集を行っていた人々に定住を促し、寿命を延ばし、土器の文明を築かせた。いわゆる縄文時代の幕開けに始まった海進のため「縄文海進」と呼ばれている。遺跡の花粉や種子の分析から、苫小牧の森にもクルミ属、ブナ属など実のなる樹木が多く広がっていたことがわかる。海面の上昇は約6000年まで続き、現在の高丘のふもとあたりまでが海の中にあった。やがて、海面は何千年もかけてゆっくりと後退しはじめた。海の底の地形には川が流れ込み、海の残した砂の高まり（砂堤列）が、大地に幾重にも筋をつけ、その窪みには水が溜まった。

こうして形成された沼地には、通常、水草などの未分解な遺骸（泥炭）が蓄積し、やがてツルコケモモの湿原となっていく。しかし、苫小牧は夏になると海霧がかかり、夏も冷涼なため、泥炭層があまり発達しない。さらに、約3000年前には樽前山の大規模な噴火が起こり、降下軽石がすべての地に降り注いだ。アイヌ期に（本州では江戸時代）に入ってからも、江戸時代の1667年と1739年にふたたび軽石が地を厚く覆っている。つまり、植物にとって貧栄養な環境で生きていかなければいけない、過酷な地でもある。そのため、苫小牧の砂堤列の間に形成された沼の周辺にはヨシやカヤツリグサの群落（古い文献では「低層湿原」と記載されている）が広がり、泥炭の厚く堆積したミズゴケとツルコケモモのハンモックは、沼の中にわずかに残っている程度である。これも勇払平野の特徴だ。

もう少し水位が少し下がり乾燥が進むと、ヤチヤナギやイソツツジなどの灌木や、背の低いハンノキが出現する。このような場所に、ハスカップは多く見られていたようだ。聞き取りを行うと、多くの方が「背の低い、子どもの背丈程度の原っぱでハスカップを採集していた」と語る。まさに、これが「勇払原野」と呼ばれたハスカップの故郷だ。

苫小牧市緑地公園課の技術職員であった大谷重夫氏よりいただいた資料の中に、市環境部の調査記録から、ハスカップの被度・群度をまとめた植生図を見つけた。それを見ると、ハスカップの被度が最も多いのは、上述したような「ヤチヤナギやイソツツジの群落」と「沼の高層湿原内」であるということだが、残念ながら、それを書いた人、調査地やデータの詳細を記録した写真などは残されていない。当時の職員に聞くと全て保存年限が切れて廃棄されたということだ。残念だが、これから追跡して調べていくしかない。

平成27年から、ハスカップ自生地に任意にコドラート（方形の区画）をとって、区画内の植物の割合を調べた。ハスカップの多く自生する場所でもせいぜい10〜20%前後で、どんなに多くても30%を超えることはない。そのかわり、林床には、ヒメナミキ、ヒメシダ、オオアワダチソウなどがびっしり生えている。これがどのように変わるか、推移を見届けたい。

もう一つ、沼ノ端地区から植苗、千歳にかけて広がっていたハスカップ自生地の特徴も記載しておこう。ウトナイ南東部に「古砂丘」と呼ばれている場所が現在も残されており、ウンラン、ハマナス、オオヤマフスマ、カワラマツバの仲間など、海浜の原生花園で見られる植物と、ハナゴケ、オオウメガサソウなどの高山植物が一緒に生育し、コナラ、カシワなどの樹木に混じってハスカップも生育している（ただし、被覆面積としてはハスカップ・サンクチュアリほどではない）。かつて、沼ノ端や植苗、新千歳空港の周辺に、このような場所が広がっており、「タルマイソウ」の別名でも知られるイワブクロを観察することもできたという。

現在も、JR南千歳駅周辺やJR植苗駅沿い、植苗鹿肉缶詰製造所跡地周辺などを歩くと、その痕跡をわずかに見ることができる。林内を歩くと、砂質状の火山灰土壌の上に、ハナゴケ、オオウメガサソウを見ることができ、シラカバやカシワの成長する樹林下で、わずかにハスカップが生育していた。
現在の沼ノ端の住宅街にも同様の環境が広がっていたというが、現在は造成され消失した。ウトナイ沼周辺などに行くか、またはわずかに私有地に残されている砂質土壌を掘らなければ痕跡は見つけることができない。

●ハスカップを食べる生き物たちはいるのか？ なぜハスカップはやってきたのか？

先の章で「ハスカップはどこから来たのか、まだ解明されていない」と記載したが、苫小牧ではこのような“ハスカップ伝説”が残されている。
「ハスカップの実を食べた渡り鳥（一説には、ハクチョウ）が勇払原野に渡り、そこで落とした糞に混入していたハスカップの種が発芽して、ハスカップが生育した」。
その上「だから、ハスカップは勇払原野にしか生育していない」と、付け加える“伝承”すら存在する。
この発言の主は誰なのか、よくわかっていない。時々、この説の根拠として苫小牧の郷土史研究家の故・中居正雄氏の著作物を挙げる方がいる。しかし中居氏はそのような記載を一切残していない。疑問に思いながら彼の書いた「苫小牧の植物」を拝読して目に留まったのは「勇払平野の植生は、サハリン・シベリアやバイカル湖周辺の環境と類似している」「勇払原野のハスカップが、バイカル湖の周辺にあった」という一文だ。植物地理学を少しかじった人間なら「現在の植生は、氷河期・間氷期の繰り返しで植物が分布域を広げたり分断されているうち形成されたもの」という事実を踏まえ、「シベリアと勇払平野の環境は似ている」という解釈でこの文を読むだろう。しかし、この表現を詩的なイメージとして読み取った人間の中には、シベリアから飛んできた渡り鳥の姿とハスカップの原野の風景が交差し、中居氏の意図とは違う形で解釈されてしまった可能性も考えられる。
ハスカップを食べる生き物はほとんどいないが、まったく食べられていないわけではない。圃場では、カラスやキツネによる果実の食害の記録があり、花芽をウソが食べていって困る、という話を各所で聞いた。藤巻氏の論文によると、サハリンでエゾライチョウが*Lonicera*類のシュートを食べているという記録がある。エゾシカによる食害も多く見る。しかし、ハスカップを特に好んで利用する生物はあまり存在しない。道東の琵琶瀬木道で「タンチョウがハスカップを食べていた」というお話を、現地の方からお聞きすることができた。

現在、ハスカップの移入経路は明らかになっていないが、上述の哺乳類や鳥類の胃の内容物調査などにより、利用例がもう少し詳細に分かれば、北海道に根付いたハスカップがどのように分布を拡大していったのか、その経路を知る手がかりになるかもしれない。

ハスカップサンクチュアリで採取されたハスカップ

そして、ハスカップと人の“共生関係”についても触れてみたい。ハスカップの果実から、人はポリフェノールやビタミン類、ミネラルなどを摂取して健康を保つことができた。夏の味覚として楽しみ、塩漬けや砂糖漬けなどの「食文化」を育んだ。その結果、ハスカップの自生地が激減することになった時、ハスカップに対する愛着から企業や個人により移植・栽培が行われ、やがて広く栽培されるようになった。栽培種としてではあるが、もし、ハスカップが人に利用されることがなければ、自身のＤＮＡをここまで残し、分布拡大することはできなかっただろう。そう考えると、人もハスカップの生存大戦略に一役買っているのかもしれない。

●縄文人の果実？　アイヌの果実？

それでは、誰がハスカップを最初に食べたのか？　苫小牧に残る“ハスカップ伝承”は、こう語る。

「縄文人もハスカップを食べていた」「アイヌの人たちが、ハスカップを不老長寿（または不老不死）の薬として食べていた」。前者は苫小牧市博物館（現在は苫小牧市美術博物館）の展示室に書かれている。後者は全道的に広がり、ハスカップ商品のパッケージにも書かれている。しかし、どちらも証拠はどこにもない。苫小牧市埋蔵文化財調査センターで長く勤務してきた職員に聞いても「なぜ、そのような展示になっているのか引用が書いてなければわからない」と返答があった。昭和45年以降に行われた発掘調査報告書を確認しても、縄文期からアイヌ期までのいずれの報告書からも*Lonicera*属は一度も出てこない。その理由は、前述したとおりハスカップの種は小さく数も少ない上、利用される季節も限られるため、もしハスカップが利用されていても見つかりにくい、と考古学の元学芸員の方から助言をいただいた。

アイヌの方の利用についても、あまり記録が残っていない。更科源蔵のコタン生物記にも、知里真志保の「アイヌ語辞典」にもハスカップの記載があるが、アイヌ語「ハシカプ」「エヌミダニ・エヌミタンネ」の解説と「生食していた」という説明にとどまり、アイヌ語辞典に至っては「沼ノ端駅には、ハスカップ羊羹というものがある」という記載が見られ、あまり風習として記録がない。奥津義広氏の「ハスカップ物語」では、故・萱野茂氏が「アイヌのコタンでもハスカップを利用し、食べていた」と語っているが、残念ながら他の伝承者の聞き取り調査記録からは、そのような話を調べることができない。

元教育普及員の方も「ハスカップが残る伝承はない。ハンノキの森の風景や、コケモモやイソツツジは伝承の中にも出てくるが、ハスカップが出てくる話は見たことがない。おそらく、商業的な目的で使われた宣伝文句だろう」と話していた。それは正しかったが、長くなるため後述することとしよう。

●生活圏のすぐ隣の果実

「誰が最初にハスカップを食べたのか」という謎と答えに立ち戻るが、今では残念ながらそれを探る手がかりはない。現在話を聞くことができる方の多くは「親世代がすでにハスカップを採って食べていた」というからだ。今回聞くことができた中で、安平町に住む大島カツ子氏の話が、おそらく一番古い入植者の話だった。90歳になる彼女も「家の近くに遠浅沼があって、そこにザルを持って採りにいった。でも、誰が始めたか分からない」と話していた。後述するが、戦後に生活の基盤を求めて苫小牧に集団入植した方々も、誰から教えてもらったわけでもなく、生活圏の周りに生えていた実をとり「これ、食べられる」と気づき、皆で食べるようになっていたようだ。このような状況を踏まえてみると、だれという訳ではなく、そこに住んでいた誰かが自然発生的に「ハスカップ」を食べるようになった…というのが自然ではないだろうか。

「その地に住む人を選り好みせず、望む者には恵みを与え続けてきた木」というハスカップの姿が、ほのかに浮かび上がってきた。

●やちぐみ・ゆのみ

「そういえば、昔はハスカップという呼び名はあまり使っていなかった」という話を、主に70代以上の方から聞く。彼らは、それを「ゆのみ」と呼んでいた。「ゆのみ」は、アイヌ語のエヌミタンネが転じたという説と、植物名のケヨノミから派生した、という説がある。どちらも信憑性のある話だが、アイヌの方の利用例が少なかったこと、植物図鑑が現在のように普及していなかったことを考えると、どちらも決定的な証拠に欠ける。安平や厚真の一部地域では「やちぐみ」と呼んでいた。昭和8年から販売されていた「ハスカップ羊羹」で有名なJR沼ノ端駅の近くに古くから住んでいた方も、「そういえば、ハスカップとは誰も呼んでいなかった。ゆのみ、と呼んでいた」と語った。試しに「やちぐみ」という呼称について聞いてみたところ「そういえば、やちぐみ、やちのみ、という呼び方も聞いたことがある」という返答があった。

確かに、自生地のハスカップの素朴な姿は、外来語のような呼称よりも「やちぐみ（谷地茱萸）」「やちのみ（谷地の実）」という呼び方がしっくり当てはまっていると感じた。

●塩漬けと砂糖漬け

ハスカップの食べ方の一つに「塩漬け」がある。これも、誰が作り出したものなのかわからない。おそらく自然発生的に広まっていった食べ方なのだろう。レシピはいろいろあるが、沼ノ端から柏原、静川、苫小牧市街にかけて一番多く普及しているのが「ハスカップの紫蘇巻き」だ。赤紫蘇にハスカップを２〜３粒入れて巻き、それを丁寧にたたんで瓶の中にしきつめている。その上に塩を振り、また赤紫蘇でハスカップを巻いたものを積んでいく。それを一年中いただくそうだ。「梅干しのような味がした」という。作り方は各家庭によって違いがあり、紫蘇を入れずに塩をまぶして食べたり、紫蘇で実を巻かずに刻んで一緒に入れたり、と色々だ。また、厚真町の方からは「そのまま塩をまぶして食べた」という話を聞くことが多く、紫蘇で巻く、というエピソードを聞くことは少ない（味噌汁や雑煮と同じように、各家庭の味や地域差があったのかもしれない）。この風習は、千歳市や長沼町にも残っていたというが、他の地域ではあまり話を聞かなかった。

砂糖が比較的簡単に入手しやすくなると、「砂糖漬け」が広く流通するようになった。洗ったハスカップを氷砂糖で漬けると、シロップができる。ヨーグルトにかけて食べると、酸味と甘み、そして心地の良い渋みが絡まりあって、たまらなく美味しい。炭酸割りにもできる。「若い頃は塩漬けばかり食べさせられていたけれども、私は砂糖漬けが好き」、そう言って笑って話す方も多くいた。

●伝統の「ハスカップ」の利用・採集方法

「樽前山神社の祭りの頃に採りに行け」「青い実はとるな」「同じ場所を歩け、そうしたら色づくから」「さわってポロリと落ちるようになったら採れ」「乳首とだいたい同じ固さになったら採れ」。ハスカップ採集に行く人たちの間では、自然と「ハスカップ採りのマナー」が生まれていた。

ハスカップの木は生活圏のすぐそばにあり、小学生が背をかがめて宝探しのように青黒い実を探していたという。実はとても柔らかかったので、アルマイトの弁当箱、落ちていた飯盒に実を入れて集めていた、という。特に戦後は、兵隊たちの使っていた飯盒があちこちに落ちていたので、それを使ったという。いずれも「子どものおやつ、宝探し」の感覚だったようだ。

やがて、物があふれるようになると、一斗缶やミルク缶などを使うようになっていく。その後、それを持ってハスカップを採りに行く「ガンガン部隊」と呼ばれる人々が現れるが、それはまだ先のことだ。

●ハスカップ・デビュー

それでは、ハスカップという名前を使い、広めたのは誰なのか。まさに「ハスカップ羊羹」の創始者、近藤武雄氏がその火付け役だった。近藤武雄氏は、沼ノ端駅の隣の駅逓で弁当や「鮒饅頭」を販売していた。当時、この沼ノ端駅には、国鉄と私鉄が交差して走行し、千歳・札幌方面と、勇払・日高方面への起点を担う交通の要衝でもあった。昭和８年に作られた「ハスカップ羊羹」は、白あんが入っていて、ハスカップの色がきれいに発色するように作られていた、と近藤武雄氏の孫、近藤俊一氏は語った。また、近藤氏の持つ手書きの資料から、北海道立図書館に残る「ハスカップの利用について（昭和10年）」という報告書を調べることができた。そこには、ハスカップという植物の果実の成分と有用性について、詳細に記録されている。

近藤武雄氏は、ハスカップ羊羹のほかに、飴などを作った。やがて「ハスカップ」という名称で商標を取得し、ラベルのデザインと印刷は札幌の会社に依頼したという。まさに、これが「やちぐみ」が「ハスカップ」としてデビューした最初のステージだ。

近藤ハスカップ園のハスカップ羊羹（近藤俊一氏　蔵）

北海道の主催する北海道工業振興博覧会でも昭和10年に道産有功賞を受賞している（ちなみに、この時、新ひだか町三石の「三石羊羹」も同じ賞を受賞している）。また、昭和11年には天皇陛下にこの羊羹を献上している。先に登場した沼ノ端の方の話では「このハスカップ羊羹は駅逓の店の中でなく、別棟の工場で作っていた。その中には、子どもたちは入らせてもらえなかった」という。まさに、特別な存在だったようだ。

なぜ近藤氏は、ハスカップという名前を使用したのか？　それは、実はよくわかっていない。というよりも、新たな推測が生まれた。もしかすると耳慣れない「ハスカップ」という語感にハイカラな響きを感じ、「やちぐみ」や「ゆのみ」ではなく、その名前をあえて採用したのではないだろうか。まさに、明るい性格の女職工ノーマ・ジーンが、妖艶な女優、マリリン・モンローと名乗るようになった瞬間に近いのではないだろうか。

●ハスカップ・フロンティア

では、苫小牧駅周辺では何が起こっていたのか？　ここでも、話を聞くと「ハスカップは子どものおやつ」という認識が残っていたようだ。町の中に住む人は、ハスカップを採る時期になると、ハスカップを採りに「ひみつの場所」を渡り歩いていた、という。「よく行っていた場所はどちらですか？」と聞くと、挙がってくる場所は、その方たちの住んでいた場所で決まってくる。

戦争が終わると、国家は貧困対策・食糧確保のため、開拓移住促進政策を行った。サハリンから土地を追われた人たち、新しい生活を求めた江戸っ子たち、多くの人たちが、苫小牧にやってきた。

「東京開拓団」と呼ばれた人たちは、現在の港のあたりへ、弁天の入植者たちは弁天沼のあたりへ、静川、柏原、それぞれ入植者たちが新天地を求めてやってきた。彼らも夏になるとハスカップ（ゆのみ）を利用していた、という。当初はあくまでも「口に入れられる夏の小果樹」として。そして前述したように「塩付け（紫蘇付け）にして、梅干しの代わり」「焼酎につけてリキュールとして」といった自家消費用に。「アルマイトの弁当にハスカップが入っていると、梅干しも買えない家庭の子だと思われるので、隠して食べた」という声も聞いた（あくまでも、個人差・時代や地域性の違いによって異なるが）。ハスカップは「生活の隣に当たり前にあった雑木（または、その果実）」という地位であったことが断片的に見えてくる。

ハスカップ（ゆのみ）の普及に拍車をかけたのは、小林三星堂（現、㈱三星）の小林正俊氏だ。苫小牧に広がる原野に茂るハスカップと、「よいとまけ」の掛け声に着想を得て生まれた菓子と三星の逸話については、第３章で同社の元広報室長であった白石幸男氏により語られているため、ここでは割愛する。その中でもハスカップにとって、とりわけ大きな転換期となった出来事二つに注目をしたい。一つは昭和30年頃から始まった「買い取りの始まり」。長峯氏の口述に、昭和30年頃、弁天から苫小牧駅までやってきた女性たちと小林正俊社長の母親が偶然交わした会話から「よいとまけ」の原材料のための「ゆのみ（ハスカップ）の買い取り」が始まった、という記録があった。この以前からハスカップの取り引きは各所で行われていたが、三星のハスカップ買い取りをきっかけに、沼ノ端の星野商店をはじめ、多くの商店や三星の店頭、自生地などで大規模なハスカップの買い取りが行われた。

そして、婦人たちや子どもたちは「夏場の小遣い稼ぎ」として、空き缶や容器などを持ち原野のハスカップを採集したという。「たくさんハスカップを採るためには、藪漕ぎをしなければいけなかったんだよ」と多くの人は語る。「真夏でも長袖のヤッケを着て、汚れてもいい長ズボン（または、魚屋が着ているようなつなぎ）を履いて、汚れてもいいように長靴を履いて、靴の中にハスカップが入らないように腕抜き、足抜きをした。軍手を履いて、中指、人差し指、親指だけ出して、指の先を自由に動かせるようにしたんだ。木の上から虫が落ちてくるから、帽子と手ぬぐいもしっかり被った。とても暑かったよ」。多くの方から、そのような話を聞いた。汗をぬぐいながら大きな缶を首から下げリュックを背負って原野に向かうその姿は「ガンガン部隊」とも称され、ハスカップが「原野になる雑木の実」から「原材料としての経済取り引き」としての役割や市場価値を担い始めた象徴でもあったに違いない。

もう一つは前述した「ハスカップはアイヌの不老長寿の実、という伝説の発生」だ。これも白石氏の話の中で登場したとおり、もとは、「よいとまけ」のPRのために創作された逸話であったが、いつの間にかこのエピソードが独り歩きして、一部の書籍には未だに「ハスカップは、アイヌの人が不老長寿の実として珍重していた」という引用が行われている。余談だが、ある図書館のミニ展示でこの文言が使われていたので忠告したところ、担当の女性司書は「大学の先生が監修された栽培図鑑にも、このような文言がきちんと書かれています」と言って聞かなかった。真実か否か、ということを超越して、このキャッチフレーズは今後も広まっていくだろう、と感じた。

誤解を解くためにあえて述べておくが、自身は、ハスカップの「商品」の内容や、キャッチフレーズの内容の真偽などについて、ここで云々言うつもりはない。実際、アイヌの方が古来から妙薬として利用していた…という記録はないが、ハスカップ自体の栄養価が非常に高いことは各研究で立証されており、厚真町で現在進められている研究では、特定のポリフェノールの薬効成分に注目が集まり、実験が継続されている。この後、ハスカップをめぐる様々な出来事を考えると、小さな製菓店たちの生産活動により、ハスカップに「(経済取引の対象となりうる) 小果樹」「北海道生まれの“神秘的な”果実」という役割が与えられ、やがて、地域だけでなく北海道内はもちろん、国内・国外に広がっていったことを考えると、「「ハスカップ羊羹」や「よいとまけ」の製造と販売」という出来事が、ハスカップ史に与えたインパクトは計り知れないものだった、と敢えて強調したいのだ。

●開発と移植

やがて、昭和38年に苫小牧港が開港、その後も掘削により東側に港は掘り進められ、ハスカップの自生していた海浜沿いに形成されていた後背湿地の多くが消失し、その後苫小牧東部開発により昭和45年には弁天、静川、柏原の全ての住民の住む農地の買い上げ・開拓団の解散が決まり、昭和50年以降には本格的に土地の分譲が始まる。同じ頃、沼ノ端でも道路・宅地の造成が始まり、ハスカップ自生地の多くは消失する。この辺りの経緯は、他の章を参照していただきたい。

一方「ハスカップが消えていくのがしのびない」という気持ちから、開発・造成にかかわった個人や、企業誘致を進める企業の有志が、造成予定地からのハスカップの移植を行った。苫東においても、本書の発行者である草苅氏が分譲予定地からハスカップを移植し、現在でも㈱苫東の敷地内、つた森山林に保存されている。弁天地区から苫小牧西部に移住した長峯氏、黒畑氏も弁天からの立ち退きの際、ハスカップを弁天から大量に移植し、栽培を試みた。第1章で述べられている通り、長峯氏も、北海道からの依頼で「ゆうふつ」の品種登録に協力し、黒畑氏は「みえ」を品種登録することになる。

しかし、彼らの聞き取りの章に書かれているように、ハスカップを移植しようとした人々に、周囲の人間は「そんな雑木、どうするんだ」「わざわざ栽培なんてしなくても、そのへんになんぼでもある（その辺りにいくらでも生えている)」という言葉を投げかけた。この侮蔑した発言から、当時ハスカップの栽培果樹としての可能性や希少性はまだ広く認識されておらず、それでも多くの人の手により移植されたのは、単なる営利目的や自然保護・遺伝子保全といったものではなく「愛着」「故郷の記憶」といった個々の人々の様々な思いをはらんでいたのではないか、ということを強調したい。それがなかったら果樹として広がることもなく、既に人の記憶からも消えていたであろう。

開発により、企業や個人の手により移植されたハスカップを「故郷を奪われた無力な悲劇のヒロイン」ではなく「目の前から遠ざかって行くことで強く再認識された、故郷の原風景のアイコン」としてとらえることで、ハスカップ史や苫小牧の歴史認識が変わっていくと考えている。

●減反政策と栽培

開発と移植の波が押し寄せてから、厚真ではハスカップ栽培が昭和50年頃から始まった。山口農園の聞き取りが前述である通り、契機となったのは「減反政策の本格化による、転換作物としての導入」だった(諸説あり調査中)。当時、苫小牧〜厚真の周辺にまだ残っていたハスカップの原種を移植し、栽培を試みた。また、昭和60年近くになると、千歳市においては、第1章の木滑康雄氏の口述の通り、苫小牧での栽培・実用化に触発されて「千歳市のハスカップを栽培する」という強い意向から、行政・農協・民間企業が共同して、現在の新千歳空港敷地内や長沼などから自生苗の移植を行い、栽培を始めた。同じ頃、美唄周辺でもハスカップ栽培が進められた。

しかし、原野のハスカップは苦いものや酸味の強いものも多く、果実の形や味、樹形の個体差が大きい、というもので、栽培はお世辞にも順風満帆とは言えない。「果実」として流通するようになってから、他の農作物同様に「一定した品質の流通」が求められるようになるからだ。個性豊かな果実を栽培するために、それぞれの地域では違う戦略を立てた。

山口農園では、前述の通り苦い実を除き、適度な酸味と甘みを持った実を残して栽培を行い、「ゆうしげ」「あつまみらい」という登録品種を親子２代（山口氏の話では「祖父母の代からハスカップ栽培を試みていたので、実際は親子３代」という）にわたって品種改良・栽培した。

そして千歳市ではキリンと提携して特に優良なハスカップをクローンで増殖・栽培し、「ハスカップランド」という、ハイカラな製菓で全国展開を行い、「千歳のハスカップ」のイメージを植えつけた。

また、自生のハスカップの利用例のない美唄でも、千歳（先行して一部苫小牧）から苗の購入・栽培を行い、美唄林業試験場の職員の方や峰延地区の農家の話では、農家間で協力して優良株の選抜や栽培に力を注いだ。

ハスカップの弱点は、ツツジ科のブルーベリーなどの漿果樹と比べて酸味が強く、収穫量も少ないことである。また、果皮が弱く、手摘み以外の効率的な収穫方法がなかなか一般化されていない。そのため「どこにでもあった雑木の実」であったハスカップは、栽培種になると突然「高級果樹」になってしまう。そのため、果樹としてのハスカップの栽培・出荷は非常に農家を悩ませている。

一方、苫小牧駒澤短期大学をはじめとした大学や千歳の農業試験場などによるさまざまな調査研究から「ビタミンＣの含有量がレモンと同程度」「鉄分を多く含む」などの栄養価の高さが次々と判明している。また、ポリフェノールを多く含むことや、他の果樹にはまねできない「癖になる雑味」を含む。そのことから、大手企業などが注目すると買占めなどを行い、突然価格が変動することがある。コストの低減化の難しさ、出荷量や価格の不安定さが産まれるという。そのため、ハスカップの栽培面積・栽培農家の戸数は次第に減少しつつある地区もある。売れるから、ではなく、それでもハスカップ栽培に本気で挑もうとする人々の心の奥底には何があるのか、まだ私にはわからなかった。ただ、郷土や土地への深い愛着があるように思えてならなかった。

●ハスカップは酸っぱい？　甘い？

ワイン、ジュース、ジャム、コンフィチュール、ケーキ、大福、アイスクリーム……さまざまな製菓に「ハスカップ」が利用されている。爽やかで酸っぱく、さわやかな渋みのような雑味を含んだ甘さが口いっぱいに広がる。ハスカップを知らなかった20～30代の方にも「健康・美容のためのハスカップ人気」が高い一方、ハスカップを知る世代に話を聞くと、40～50代の「ハスカップ離れ」が一部確認された。彼らの多くは、親や祖父母に自生のハスカップを食べさせられたことがあるという。「自分たちが小さい頃、すでに甘いお菓子が日常的にあったけれども、ハスカップはとっても酸っぱかった。だから、ハスカップには良い思い出がないの」。40代の苫小牧出身の女性は、そう語った。確かに現在40～50代の方が幼少期の頃は、昭和50年代前後で、まだ自生のハスカップが比較的簡単に入手できた頃だ。果樹として食べると確かに酸っぱく、苦いものも多い。

しかし、自生種のハスカップに慣れ親しみ、それを活用してきた人々は逆に「ハスカップと呼んでいいのは、酸っぱくて粒も小さかった自生種。栽培種は別物だ」と小声で言う。

余談だが、自分の職場の20代女性に自生種のハスカップを食べさせてみると、その苦さ、酸っぱさに驚いていた。ハスカップのイメージが「梅の代用食のような、とても酸っぱい果実」から「ブルーベリーのような、ポリフェノールたっぷりのベリー」に変容を遂げていった様子は興味深く、この「世代間の、味のイメージの乖離」「自生種と栽培種のイメージ」は、いつかアンケート調査などでしっかりと分析したいと思う。

●そして今

昭和61年にハスカップが市の木の花に認定され30年が経過し、千歳ではワイナリーでハスカップワインを製造し、厚真町では「ハスカップフェア」を開催している。また、苫小牧では、80代の男性がハスカップ音頭を作り、三星ではハスカップフェアが開催された。

歴史が語るように、戦後、何度か大手の企業がハスカップを買い取り、ハスカップの価格は高騰し、ブームが去ると値崩れを起こして在庫が過多になる。それを何度も繰り返しているという。現在はカゴメ、ドールなど複数の企業がハスカップに注目をしている。

北海道の各所でハスカップが栽培され、新千歳空港の物産展に行くと「ハスカップ」と名のつく製菓や土産物が並んでいる。厚真町では前章で何度も述べられている通り、独自路線で「ハスカップのブランド化」を推進している。苫小牧でも複数の中小企業でハスカップ商品販売を続けている。このようにハスカップ市場や流通戦略は多様化しているが、逆に「土着のハスカップと人の関係」の姿は次第に影を潜めていると感じることも多かった。そのため、自由研究や総合学習などで「ハスカップを調べたい」という問い合わせを小学生からいただいた時、ハスカップと人の歴史を次世代に話せる機会であると感じ、とても嬉しかった。

石狩低地帯南部の原野で育ち「ゆのみ」や「ハスカップ」と呼ばれた植物と、その真横で汗だくで生活を築き上げてきた人の歴史、やがて押し寄せる流通と資本主義の波に翻弄された果実と、それぞれのフィールドでそれを見つめ、守ってきた人の歴史。やがて嵐が過ぎ、新しい大地が顔を出す時、ハスカップが街のアイデンティティとして蘇ればいい。もし、私がいなくなっても、多くの歴史や伝統や風俗が失われたこの街で、誰かが掘り起こし、また語り継いでくれればいい。

できれば、嵐が来ないまま、生きる伝承と街のアイデンティティとして、末永く世に続いていくことを願いつつ。ハスカップの歩んできた道をたどる旅は、苫小牧だけでなく北海道の「人」の歴史をたどる旅でもあるのかもしれない。それはまだ続く。

●終わりに

平成30年３月末の人事異動により、美術博物館の学芸員としての公務に一つの区切りをつけた。離れた後も、ふと周りを見回すと「ハスカップ」という文言が福祉・医療の分野の施設や事業所の名称に多く用いられることに改めて気づいた。「地域性」「健康的」というイメージから好んで使われているのだろう、と推測していた。そのような中、昨年、苫小牧で開催された全国女性大会のシンボルマークにあしらわれていた、ハスカップのシンボルマークの説明が目に飛び込んできた。説明書にあった「苫小牧に生まれたハスカップは形も味もいろいろ。女性もそれぞれの個性を大切にして生きていけるように願いを込めました」という文言。この言葉を読んだ時、ああ、ハスカップの「個性」に着目をしてくれている人がいた、とうれしくなった。

ハスカップ自生地調査の様子
（中央から右に、玉井、草苅の両氏）

自身は、ハスカップの知名度をあげようとしたわけではない。ましてや、ハスカップを高級果樹に仕立て上げたかったわけでも、自生地を囲い込みたかったわけでも、収穫量をあげたいわけでもなかった。「素晴らしい自然の中に生育する消えつつある植物」でもなく「庶民には手の届かない栄養価豊かな高級果樹」でもない、ありのままの“彼女”の姿と、彼女を受け入れ、愛で、利用し、栽培していた古(いにしえ)の故郷や人々の姿を知りたかった、それだけだった。

ハスカップは味も形もばらばらで、湿原からわずかに水位が下がり、まだ森林が発達する前の環境に生育する。かつては「不毛」と呼ばれた原野に生え、その地に住み着いた人々に初夏の恵みを与える雑木の果実だった。それが今では「健康食品（不老長寿？の実)」「高級果樹」「自然保護の象徴」「苫小牧のシンボル」「北海道を代表する（今では長野や国外でも育てられる）漿果樹」など、あまりにも多くの「顔」を背負わされることになってしまった。それは、もしかするとハスカップには重荷だったのかもしれない。でも、ハスカップはそれほど脆弱な存在ではない。もし、人間がハスカップを忘れ手放しても、誰も入り込めない原野の深い奥底で、わずかに生き残ったハスカップは黒々と実をつけるのだろう。いつか、また誰かが恵みを受け取る日を待ちながら。

本原稿を校正して、疲れて仮眠をとっていた平成30年９月６日の夜中、家ごと叩きつけられたような大きな衝撃に見舞われた。部屋は激しくゆすられ続け、携帯電話のアラームが鳴り、箪笥の上から全ての物が落ちてきた。何かが割れる音がした。金魚鉢の水槽が激しく揺れ、布団の中で動けなくなった私に高波になって襲いかかり、部屋を水浸しにした。後に北海道胆振東部地震と呼ばれることになる地震だった。テレビは「震源地が厚真・安平の辺り」と告げると、間もなく静かになった。停電が始まった。暗闇の中、部屋の中を懐中電灯で照らしていると、多くの人の姿が脳裏をよぎった。聞き取りや現場で出会った人たち、厚真のハスカップ農家の方々や、それをめぐる人々、穂別でも栽培を始めたという人たち、苫小牧の多くの人、全ての人たちの無事をただ祈った。

振り返ると、ハスカップの歩んできた道と、それを巡った人々の歴史は、決して穏やかなものではなかった。肥沃ではない、むしろ湿地帯や周辺の低木林で成長したハスカップ、そこに住み着きハスカップを口にしながら生活を営んだ人々の記録、ハスカップ栽培や利用の歩み、ハスカップの自生地、全てが挫折と再生の繰り返しが織りなした歴史のように見えた。

これからも、ハスカップと人の歴史は続いて行くだろう。そして、一日も早く穏やかな日が戻ることを願っている。

あとがきに代えて

NPO法人苫東環境コモンズ
事務局長　草　苅　　健

■ハスカップの後見人

苫東環境コモンズと命名した当NPOのフィールド・苫東一帯が、もともとコモンズのような特質を持っていたことはこれまで述べてきたとおりですが、このハスカップの保全に限れば、地元にはハスカップに関わりが深く積極的にハスカップを守ろうとする主体が今浮かんでこないのが現状です。つまり人工と多様な自然が入り混じるB級自然のような勇払原野で、シンボルであるハスカップには、親身になって将来に向けてケアする後見人がいないように見えるのです。それはなぜなのか、なぜそう見えるのか、わたしの40年近い居住経験から体験的に考えてみたいと思います。

その原因と考えられることのひとつは、まず苫小牧が急激に人口が増えた町だからではないか。北海道開発協会が行ったソーシャル・キャピタルに関するアンケートで、居住年数が多くなるほど土地への愛着が深まっていくという傾向に照らし合わせれば、働く場所・苫小牧はサラリーマンの常として転勤が避けがたく、移入者の間では土地への愛着が高まらないのは半ば当然ともいえるのです。ハスカップやハスカップ摘みという季節の風物詩に触れ、稀有な味のとりこになる機会も極めて少ないのも道理と言えます。

二つ目は、開発の是非をめぐる長い議論ではないかと思われます。工業用地造成のみならず新たに住宅地を造っていく場合も含めた開発は、通常、既存の土地利用（農地や自然など）を代えて行く行為ですが、苫小牧は港を中心とした工業地帯の建設とそれに伴う雇用の拡大による移入人口で大きくなってきた、いわゆる開発が象徴するマチのひとつであるわけです。苫小牧は「開発された」工業のマチだから、既存の土地利用から開発へ向かうときに、道内では苫小牧ほど開発が社会問題として扱われ報道されてきた自治体はないのではないかと思われるほどです。自然保護運動との対比のなかで開発はマスコミからは批判されてきた対象でもありました。必ずしも批判ではなくても新しい土地利用の前に現れてくる種々の問題は社会的な議論を経るべき運命にもありましたから、社会変化が急速だった分、いつも議論されてきたという実情があります。

この批判と議論の光景は、市民にとってプラス評価よりネガティブなイメージばかり強く映ってこなかっただろうかと危惧するのです。そのような議論の前では、苫小牧は総合的にみて恵まれたいいマチなのだ、という自信を持ったメッセージがくぐもってしまっていたのではないか。ハスカップがさわやかな言葉の響きとは裏腹にどこかマイナーなイメージをもち、マチのプラスイメージと共に浮かんでくることがあまりないのは、ハスカップには開発のスティグマ（他者や社会につけられた負の烙印）のようなものがついて回るからではないのか。

そして国道の走る一帯の、平坦で一見殺風景な景観もあります。作家の椎名誠はかつて、道路が広くて殺風景で通過する機能一点張りの町として、苫小牧をアラスカのアンカレジに似ていると書いたことがあって、市民をも少なからずなるほどと思わせたことがありました。確かにそのような一面を持つとしてもそれは、海霧が発生するこのマチの避けがたい風土の側面ではあってもすべてではない。平坦で殺風景に見えるのであれば、俯瞰できる場をいろいろな場所に設けてみるような工夫である程度和らげることもできる。ですから、ハスカップが自生する勇払原野を見下ろすような場がもっとあってもいい、とわたしは思ってきました。このようなマチを腑瞰したような立場から、ハスカップの実像をとらえ直すことも今なら可能になったのではないでしょうか。

■郷土愛が育ちにくい風土を理解する

原野から消えてしまうかもしれないハスカップの守り手がいるように見えない背景は、わたしにはそんな風に見えるのです。郷土という感覚で捉えるには郷土愛のようなものが醸成されにくく、そのずっと手前で足踏みしているような感覚。よしんば郷土愛を豊かにもっている人たちが居てもその思いは、土地や風土にまだまだ淡泊な多くの新しい移入者の数の前で薄まってしまうのはいわば自然であります。こうして風土や郷土への熱い思いが表に出てこない現状が、益々苫小牧の郷土感覚を地味なもの、明るくないものにしていくのではないか。平成24年に行われた市民アンケート※1を見てもマチに対する満足度について、ごく一般的な評価しか浮かび上がってきませんが、宅地開発が中心部から東西の郊外に展開していった苫小牧では、居住地ごと、年齢帯ごとにクロス分析をしないと詳細な傾向はつかみにくいようでした。だから一般的なアンケートでは郷土への熱い思いの発現する機会が限られてきます。したがって市内のどこでも普通には見えにくいことになります。

しかし、冷静に考えてみれば、地の利を最大限に生かした国主導の経済・社会基盤整備が先行し、雇用も恵まれている道内有数の自治体が苫小牧であり、平成30年早々、北海道内では人口が４番目の都市になりました。自治体財政も潤い、平成７年頃から人口は18万人弱で横ばいになっている（住民基本台帳から）。産業空間以外は、羊蹄山や札幌の定山渓まで続く森林地帯と、勇払原野のような里山によって構成されている自然度の高いマチであることは、意外と声高に語られたりすることがありません。臨港、臨海の都市であると同時に、「臨森林都市」であり、バーンスタインが愛したニドムの雑木林が、一帯の素顔でもあるのです。そうでありながら、訪問客が街並みを見下ろす展望台に立って驚くその自然の深みは、いつも住宅開発や産業空間との対立を前にして問題化させる材料になってしまうという不遇がありました。自然から広大な産業空間まで、大きな落差があるから、いつもどこかにある自然とインフラの「接点」が、常に「争点」となって落ち着かないところという印象が残ってしまうのです。

風土の落とし子「ハスカップ」が孤立無援のように見えるのは、このようにして培われてきた人々の控えめさも反映しているのではないかというのがわたしの長い間の見方です。データなどで明示することはできませんが、生業のために居住してはいるが郷土とか第２の故郷と呼べるような土地との付き合いまで入り込めない、もし条件が変わればここを離れて転居するかもしれないしそうしてもかまわない、そんな中ではマチや風土への愛着の声がある程度の大きさを持つことはあまり期待できない…。

これは主として男性社会を中心とした印象ですが、これが女性の間ではどうなのか、きっと違うのではないでしょうか。日常の関係性を女性はとても大事にするからです。だから産業都市という男性中心社会に、もっと女性の顔が見えてくるとマチ本来の明朗さが表わせてくるのではないでしょうか。こう考えるとき、ハスカップが女性の顔とダブって見えてくるようです。ローカルなコモンズのようなシェア社会は女性との親和性が高そうですし、すでに活発に活動している女性やお母さんたちもいっぱいいます。

※１　市民アンケート：「苫小牧市総合計画第５次基本計画策定にかかる市民意識調査（アンケート）結果報告書」平成24年６月苫小牧市総合政策部政策推進室政策推進課

■だから、今、ハスカップ・イニシアチブ

このようなことから、いつの間にかハスカップ・イニシアチブという言葉を内心反芻してきました。勇払原野の風土の象徴「ハスカップ」の復活を考えていく機会に、ハスカップに結集して苫小牧というマチのコミュニティ感覚を代えていくのです。換言すれば、地域の古いなごりを残す勇払原野に親しみながら、風土感覚を復活させるのです。

そして、いつかは出て行きたいマチから、できれば居続けたいマチへ。

自然環境も働く場も経済も暮らしも大事とフツウに思えるマチへ。風土のシンボルであるハスカップの存続が危ぶまれるならなんとかしようよと市民が知恵を絞るマチへ。子供たちに「ここはいいマチだよ」と言えるマチへ。平らな原野の必然としてある単調さと殺風景さを、なにかで補うような工夫を楽しみながら行政と共に考えて実践するマチへ。ニュージーランドのクライストチャーチのように産業空間は働くゾーンとして割り切る代わりに住宅地は一転してガーデンシティのような花の街づくり[※2]市民運動が盛んなマチへ。地の利と利便と自然を満喫できる比較的恵まれた居住環境だと喜べるマチへ…。

もう一度「ハスカップ」に結集することは勇払原野やその一角の苫東コモンズを、ローカルなコモンズとして再認識してみることにつながります。自然か開発かの対立軸を超えて、産業も自然も一緒に誇れる地域運営をしていく時代ではないかと思うのです。ローカルなコモンズの風土理解は、その大事なターニングポイントになるのではないか。その一里塚として、最も古いハスカップ自生地をハスカップの記念公園や、ハスカップと勇払原野のエコミュージアムなどとして、木道付きでシンボル空間を創ってみるのはどうか。これは新しい地域づくりの基礎集団ができれば可能だろうと思います。自ら資金を出して、寄付を募り、手作りでハスカップのサンクチュアリを創るのです。コモンズの中にトラストを作るようなことも以前なら考えられたところでした。その時間をかけたもろもろの営みの覚悟を「ハスカップ・イニシアチブ」と呼んでみたい。ローカルなコモンズの担い手の中に、今、ハスカップ・イニシアチブにつながる手応えをわたしは少し感じ始めています。

また、この原稿を書きながら、ハスカップは色々な立場で関わっている人々すべてが後見人だと考えるようになりました。特定の組織や人が担うのではなく、過去も今も未来もハスカップに関わる「ハスカップ市民」の集合が縦横のつながりでプラットホームのようになり保全と継承を担っていく、そういう姿を今はイメージできます。

※2　花の街づくり：平成４年に苫小牧に発足したの花のマチづくり研究会「Green Thumb Club」は文字通り花のマチづくりを実践する市民グループとして花の庭の達人をネットワーク化した。筆者は設立から平成13年まで代表。2000年代半ばに解散し現在は継続されていない。

■最後に

最後になりますが、この本を一冊にまとめるまでには、実に多くの方々、すなわち、わたしたちが勝手に命名した、勇払原野のハスカップを愛する「ハスカップ市民」の方々にお世話になりました。具体的には、まず聞き取りでお会いできた方や寄稿して下さった多くの方々で、おかげで市民とハスカップの位置関係がよく見えてきました。

土地所有者である株式会社苫東さんには、コモンズとしての利用に当初からご理解をいただき応援していただきました。また元釧路公立大学学長の小磯修二先生には、北海道開発協会に作られた環境コモンズ研究会の座長として、NPOの設立前からずっとアドバイスをいただいて、平成26年には『コモンズ　地域の再生と創造』という出版も実現しました。

苫小牧市美術博物館の小玉愛子さんには学芸員（当時）の枠を超えた真正・ハスカップ市民＆自然史研究者として、環境コモンズフォーラムで発表していただいたりしたほか、荒川忠宏館長さんともどもハスカップ企画展などでお世話になり、この企画展の内容も多く本書に掲載させていただき内容に大変厚みが増しました。現在、「紙の街の小さな新聞『ひらく』」を発行している山田香織さんにはこれらの講演記録で貴重なご協力をいただきました。聞き取り調査の一部は、菊地綾子さん、最終校正ではハスカップ会員の佐々木直人さんのお手伝いをいただきました。聞き取り調査やGPS調査では㈶前田一歩園財団さんの助成を活用させていただきました。

ハスカップの素顔をより多面的に見えるようになったのは、三星の元社長室長である白石幸男さん、北大農学研究院の鈴木卓先生、星野洋一郎先生、苫小牧郷土文化研究会の山本融定会長、オレゴン州立大学のマキシム先生と川合信二先生、それと厚真でハスカップ振興をリードしている栽培家の山口善紀さんのおかげでした。さらにこの出版企画に温かく賛同してくれた中西出版の山本広嗣さん、河西博嗣さんとのやり取りには、励まされました。

以上のように、この出版にあたっては本当に各方面の大勢の方にお世話になりました。この場をお借りしあらためて心からお礼を申しあげる次第です。また、ハスカップの調査のお手伝いや出版経費の蓄積では、NPOのメンバー、特に雑木林の間伐に携わったわが同朋・苫東ウッディーズの面々を功労者として挙げない訳にはいきません。みなさん、四季を通じての活動、どうもお疲れ様でした。

ハスカップにまつわることで残念なことがひとつだけあります。昭和50年代の当初から、最もハスカップらしい花と実のプロポーションを求めておびただしい頻度で苫東に足を運び、ともにハスカップの美を撮影してきた写真家の中村千尋氏が、昨秋、天に召されました。氏は平成６年のネーチャーフォトコンテストにつた森山林のキツネの写真で応募し13,000点の中からグランプリ環境庁長官賞に選ばれ受賞したことがありました。裏表紙の中央にあるきれいに整った野生のハスカップの写真も、氏ならではの美学がにおってきます。心からご冥福をお祈りしながらこの本を中村さんの御霊に捧げます。

勇払原野に自生するハスカップと、フルーツやスイーツ原料として愛されるハスカップにとって、そしてそれを支えてきた故・中村さんを含む「ハスカップ市民」の思い出として、この一冊がなにがしかお役に立てれば幸いに思います。長年月を費やしてしまったヒアリングと編集もやっとこれで終わりと思うと少し寂しいような気もしますが、ここでひとまず筆をおくことにします。

平成30年11月

胆振東部大地震の復興を祈りつつ

＊下記「ハスカップ・イニシアチブ」の概念図はＮＰＯ苫東環境コモンズ（草苅）のスキームに、博物館（小玉愛子さん）のアプローチを加筆してできたものです。

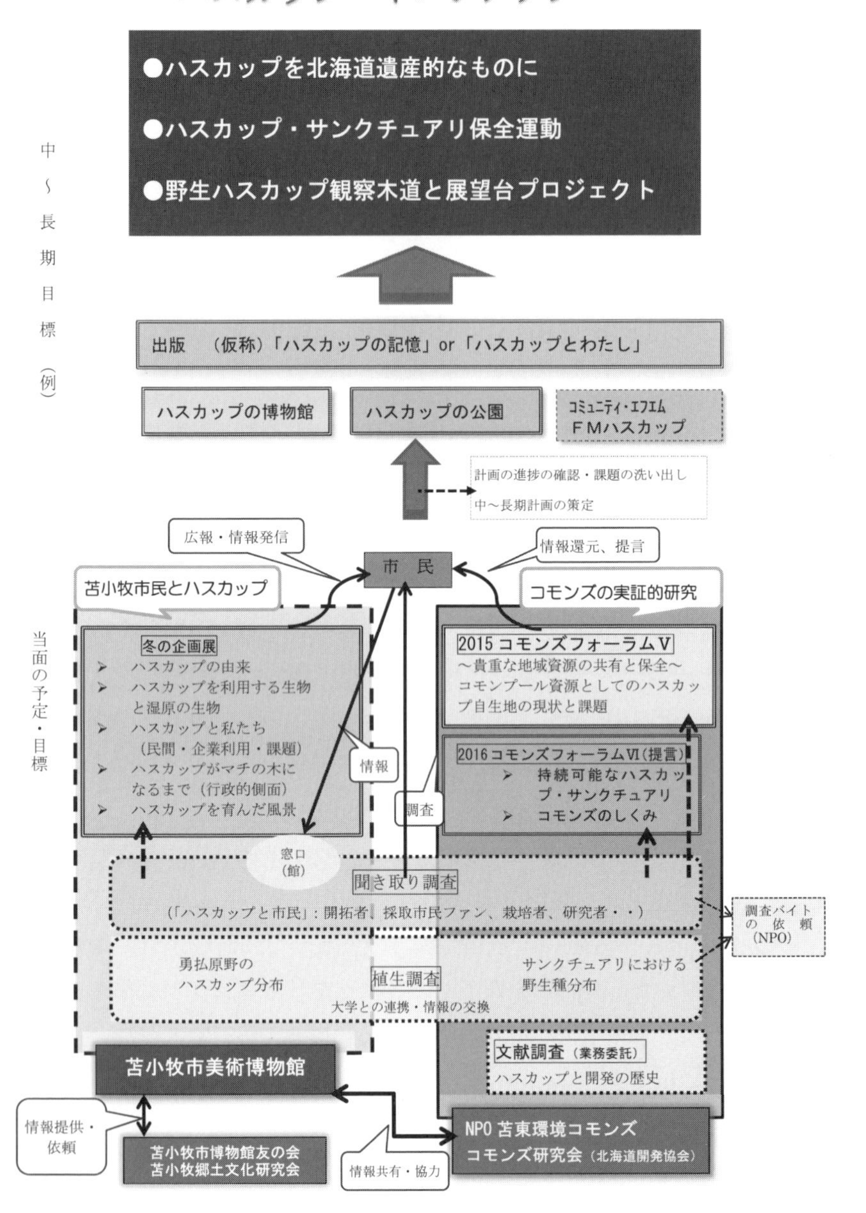

勇払原野のハスカップ市民史
ハスカップとわたし

平成31年3月31日　初版第1刷発行

編　著　　特定非営利活動法人苫東環境コモンズ
発行者　　林下英二
制　作　　中西出版株式会社
〒007-0823 札幌市東区東雁来3条1丁目1-34
TEL 011-785-0737　FAX 011-781-7516
落丁・乱丁はお取り替えいたします。

装　丁　　青柳早苗
印　刷　　中西印刷株式会社
製　本　　石田製本株式会社